江西理工大学清江学术文库

交通循环荷载
作用引起的饱和红黏土动力特性与本构模型研究

吴建奇　刘义华　王月梅　⊙　著

中南大学出版社
www.csupress.com.cn
·长沙·

作者简介

吴建奇　男，江西萍乡人，副教授，工学博士，江西省土木建筑学会建设工程抗震与防灾减灾专业委员会委员，现就职于江西理工大学。主要从事土木工程专业的教学与研究工作，研究方向为土动力学、结构鉴定与加固。近年来主持或参与国家、省部级等科研项目 10 余项，申请国家发明专利多项，授权 2 项，在国内外重要学术期刊发表学术论文 20 余篇，其中 EI/SCI 检索 8 篇。

刘义华　男，江西吉安人，2002 年毕业于南方冶金学院土木工程专业，现就职于赣州建工集团有限公司。主要从事土木工程专业施工与管理工作。近年来在国内外重要学术期刊发表学术论文 2 篇，申请发明专利多项，授权 2 项。

王月梅　女，江西吉安人，副教授，现就职于江西理工大学。从事土木工程专业教学与研究工作 20 余年，具有较强的科研和学习能力。主讲房屋建筑学、建筑施工、建筑材料、钢筋混凝土结构设计原理、钢筋混凝土结构设计等多门课程。主持并完成两项省教育厅科技项目，发表土木专业相关论文 10 余篇，其中 SCI 1 篇，申请发明专利 1 项。

前 言

我国南部地区分布了大量的红黏土，由于红黏土的特殊性，它在交通设施建设及运营的过程中会直接或间接地影响某些工程项目的使用功能和安全性能，因此，有必要对红黏土的力学性能进行深入的研究。研究饱和红黏土在交通循环荷载作用下的动力特性，解决饱和红黏土地基的变形和失稳等工程灾变问题，对提升交通基础设施的耐久性、稳定性和安全性有着重要的指导意义。

本书共分为 7 章，对饱和红黏土在不同排水条件、不同固结比、不同应力路径下的动力特性进行深入的研究。在试验基础上，基于修正剑桥模型理论，考虑排水条件对饱和红黏土动力特性的影响，修正弹性增量和塑性增量方程、边界面方程和非线性运动硬化法则，建立能够反映排水条件、初始固结状态及应力历史影响的动本构模型，并对模型中的赣南饱和红黏土参数进行标定。

本书在编写过程中参阅和借鉴了许多优秀书籍和有关文献资料，在此向这些书籍及文献的作者致谢。由于编者的学术和经验有限，虽尽心尽力，但书中仍难免存在疏漏或未尽之处，恳请广大读者和专家批评指正。

编者

2022 年 8 月

目 录

第1章
绪　论

1.1　课题研究的背景与意义

近年来，在强大的国民经济支撑下，我国的交通基础建设得到了快速的发展，特别是高铁项目建设已经成为我国的一张外交名片。随着我国"一带一路"倡议的出台，高铁项目建设已遍布全球，可见，我国交通基础建设技术水平有了质的飞跃，得到了全世界的公认。另外，为了实现国内交通的便利性，在强大的经济实力和技术水平的保障下，我国交通基础设施总里程数呈飞跃式增长。以公路为例，截至 2021 年底，全国高速公路里程数达到了 16 万 km。对国内 20 万及以上人口规模的城市基本实现了全覆盖。江西省高速公路总里程数达到了 6309 km，交通基础建设跃上一个新台阶，基本实现了江西省交通基础设施的现代化建设。《国家综合立体交通网规划纲要》（2021—2035 年）的实施，将加快我国建设交通强国，构建现代化高质量国家综合立体交通网，支撑现代化经济体系和社会主义现代化强国建设。例如，为响应大亚湾区域经济政策的实施，江西省的交通基础设施建设将更上一个台阶，进一步推动江西省交通现代化建设进程，对区域经济的发展起到重要的支撑作用。然而，这些综合立体交通网具有跨越区域大、路线长、运营时间久等特点，途经各种抗震区域和非抗震区域，工程地质条件复杂。此外，在交通基础设施建设及运营的过程中，路基路面的不均匀沉降灾变控制已成为必须解决的工程难题之一，这对确保运行时速提升后交通工具的舒适性和安全性具有重要意义。

我国红黏土的分布范围较广，其中以贵州、广东、广西、江西等省份为主。由于区域和形成历史不同，红黏土的工程地质特性有明显区别。例如，桂林红黏土的矿物成分以伊利石为主，具有孔隙比变化大、土体饱和度很高、渗透系数小、弱−中等胀缩性等特征。云南红黏土的矿物成分以高岭石为主，具有颗粒比重比一般黏性土大（一般为 2.75 ~ 2.92），孔隙比较大，土体饱和度较高，局部地区能达到完全饱和，失水后强烈收缩等特征。与桂林红黏土和云南红黏土相比，赣南红黏土（red clays）是碳酸盐岩体经过物理化学风化作用而形成的一种高塑性黏土，矿物成分以高岭石为主，它具有高孔隙比、液塑限及收缩性等特点，土体颜色以棕红、褐红为主。

随着大量交通基础设施项目建设于红黏土地区，由于在交通设施建设及运营的过程中，红黏土力学性质的特殊性会直接影响到这些工程项目的使用功能和安全性能。此外，交通运行时速提升也给行车的舒适度及安全性带来了新的挑战，除与交通工具自身的稳定性有关外，还与路基路面由交通荷载作用引起的不均匀沉降有着密不可分的关系。因此，在交通基础设施建设及运营的过程中，为解决长期交通荷载作用下红黏土地基不均匀沉降、过度变形失稳等工程灾变问题，有必要对循环荷载作用下饱和红黏土的力学特性开展系统的研究，以为提升交通基础设施的耐久性、稳定性和安全性提供参考。

如图 1-1 所示，在交通循环荷载作用下，地基中的土体单元各个应力分量（包括正应力、剪应力和球应力）均遵循一定规律的动态应力变化。假设交通荷载作用是作用在弹性半空间表面一定范围内的均布荷载 $2P_0$，随着交通荷载作用位置的变化，土体单元的竖向应力 σ_{dv}、水平应力 σ_{dh} 及剪应力 τ_d 的大小和方向均发生改变；在一次交通循环荷载作用下，随着车轮的移动，土体单元的竖向应力和水平应力均表现为从 0 升至峰值再降至 0 的过程，且竖向应力和水平应力均为压应力，而剪应力会随着交通荷载的变化发生反转；随着交通循环荷载作用的持续进行，土体单元在循环偏应力和循环剪应力的耦合作用下，土体出现主应力轴旋转现象，导致其应力应变的变化情况极其复杂。

如图 1-2 所示常规的三轴试验装置在试验过程中，只能加载循环变化的轴向应力，而围压保持在恒定状态。在整个试验过程中保持主应力的方向不变的

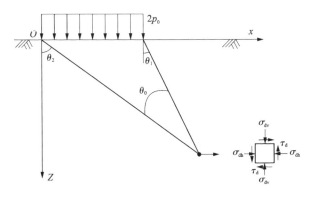

(a) 交通荷载与土单元体的位置关系

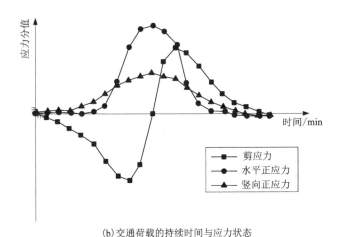

(b) 交通荷载的持续时间与应力状态

图 1-1 交通循环荷载作用下不同位置土体单元的应力状态示意图

前提下，轴向大主应力 σ_1 的方向为循环变化，而中小径向主应力 σ_3 则保持恒定；在变围压试验过程中，通过调整轴向应力和围压应力的大小，可以使轴向大主应力 σ_1 和径向中小主应力 σ_3 发生变化，并且可以同时对偏应力幅值 q^{ampl}、相位差等进行设置，以实现各种复杂的应力路径。

根据 Boussinesq 给出的二维平面应变条件下的解答，土中的应力分量可以用下列公式进行描述：

3

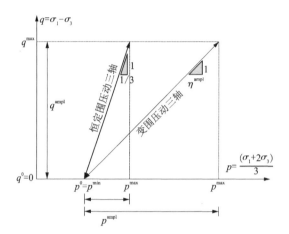

图 1-2　不同围压条件下的应力路径示意图

$$\begin{cases} \sigma_{dv} = \dfrac{p_0}{\pi} \left[\theta_0 + \sin \theta_0 \cos(\theta_1 + \theta_2) \right] \\[2mm] \sigma_{dh} = \dfrac{p_0}{\pi} \left[\theta_0 - \sin \theta_0 \cos(\theta_1 + \theta_2) \right] \\[2mm] \tau_d = \dfrac{p_0}{\pi} \sin \theta_0 \sin(\theta_1 + \theta_2) \\[2mm] \theta_0 = \theta_2 - \theta_1 \end{cases} \quad (1-1)$$

式中：σ_{dv}、σ_{dh} 分别为土体单元的竖向应力和水平应力；τ_d 为土体单元的剪应力；θ_0、θ_1、θ_2 定义如图 1-2(a) 所示。

通过材料力学理论，可以得到在交通循环荷载作用下的大、小主应力：

$$\begin{cases} \sigma_{d1} = \dfrac{\sigma_{dv} + \sigma_{dh}}{2} + \sqrt{\left(\dfrac{\sigma_{dv} - \sigma_{dh}}{2}\right)^2 + \tau_d^2} = \dfrac{p_0}{\pi}(\theta_0 + \sin \theta_0) \\[3mm] \sigma_{d3} = \dfrac{\sigma_{dv} + \sigma_{dh}}{2} - \sqrt{\left(\dfrac{\sigma_{dv} - \sigma_{dh}}{2}\right)^2 + \tau_d^2} = \dfrac{p_0}{\pi}(\theta_0 - \sin \theta_0) \end{cases} \quad (1-2)$$

其主应力差如下：

$$\frac{\sigma_{d1} - \sigma_{d3}}{2} = \sqrt{\left(\frac{\sigma_{dv} - \sigma_{dh}}{2}\right)^2 + \tau_d^2} = \frac{p_0}{\pi} \sin \theta_0 \quad (1-3)$$

式中：σ_{d1} 为第一动应力；σ_{d3} 为第三动应力。

相关资料表明，黏性土在交通循环荷载作用下形成残余变形，经年累月积累之后其沉降量明显增大。例如，日本某高速公路至运营之日起，由于土体的特殊性，其沉降量明显增大，5 年内累积沉降量达到 1~2 m；日本贺空港高速公路在交通运行过程中进行了沉降监测，发现由交通循环荷载作用引起的沉降量达到了 40 cm，占总体沉降量的 50%；由于上海地区软黏土的特殊性，其地铁运营 10 年后，不同荷载各区段之间的沉降差有所区别，最大差值为 100 mm，最大累积沉降量达到了 200 mm 以上；浙江省内的甬台温高速公路某区域软土基路，在交通循环载荷作用下引起土体下沉，在运营 5 年后，路面不均匀沉降现象严重，其路基堤段有明显的桥头跳车现象。

高速铁路方面，列车的运行速度快，如果沉降量过大，可能会导致列车发生脱轨等重大安全事故，故对土体地基的沉降量和沉降差提出了更高要求。可见，需要针对不同类型的地基土体由交通循环荷载作用引起的动力特性及不均匀沉降等现象进行研究。与黏性土相比，赣南红黏土具有孔隙比高、液塑限高、收缩性明显等特点，在交通循环荷载作用下极易发生不均匀沉降，这与类似指标的黏性土在交通循环荷载作用下的沉降规律有所不同。

为了深入地了解赣南红黏土的力学特性，需要研究交通循环荷载作用下不排水条件、应力路径及应力历史等因素对赣南红黏土力学特性的影响，而且通过试验分析和理论研究，建立系统的、合理的不同应力路径及排水条件下赣南红黏土的轴向应变经验公式和回弹模量预测公式有着重要的理论意义和工程应用价值，进一步为赣南红黏土的地质灾害控制技术和交通循环荷载作用下的红黏土路基的沉降控制提供技术支持。

1.2 国内外研究现状及文献综述

太沙基(Terzaghi)巨著《建立在土的物理基础的土力学》的出现，标志着土力学已成为一门独立的学科分支。随着土动力学的快速发展，它已经成为土力学中的重要内容。这两者之间有本质区别，土力学主要是在静力荷载作用下对土体的力学特性和稳定性进行研究，而土动力学主要是在动力荷载作用下对土体的动力特性和稳定性进行研究，探讨随时间变化动力荷载作用下土的基本动力特性和土体稳定性。土的动力特性是指随时间不断变化的外力（即动力荷载）所引起的土力学响应和现象，它与静力荷载作用下的土的特性有显著区别；动力荷载的主要特征一般包括振动幅值、振动频率、持续时间和波形等几个方面，以及振动荷载、冲击荷载、爆炸荷载、周期荷载和地震荷载等几种类型。20 世纪 50 年代，Seed 为了研究 Mississippi 软黏土的动力特性，对其土体进行了长期交通循环荷载作用下的累积变形试验，为后续学者对其不同土体的动力特性研究拉开了序幕。随着试验设备和技术的不断更新和发展，国内外大量学者采用现场试验、室内模拟试验、理论与数值分析等方式对不同类型的土体进行了大量的交通循环荷载作用下的动力特性及本构模型研究，并取得了较快的研究进展和较为丰富且有价值的科研成果。然而受到试验条件的限制及土体所受荷载的复杂性等因素的影响，必须对试验环境进行假设，对实际问题进行简化，以较合理、准确地分析土体由交通循环荷载作用引起的动力特性，这对在不同类型的土体地基上建设工程项目具有重要的指导意义。

通过简化或其他形式调整的试验成果在一定程度上能够反映土体在交通循环荷载作用下的动力特性，但由于其试验本身的单一性，对不同初始状态、动荷载形式、应力路径等试验条件的土体力学特性的认识还不够透彻。近年来，国内外学者针对砂类土和黏性土在常围压及变围压循环荷载作用下进行了试验研究，取得了较多有意义的研究成果，但有关红黏土的研究成果少之又少。

1.2.1 土体动力特性

近年来，国内外的大量学者针对不同类型的土体从动强度特性、动变形特性、动孔压特性三个方面进行了交通循环荷载作用下的试验研究。

1.2.1.1 动强度特性

在交通循环荷载作用下，循环加载速率和循环加载偏应力幅值的耦合作用对土体的动强度特性有较大影响。动强度是指在动力荷载作用下，土体循环加载次数 N 达到破坏时所对应的动应力值。Lee、Yasuhara、周建和 Hyodo 等针对不同类型的土体制定了相对应的动强度标准，包括循环偏应力幅值、循环加载速率、破坏标准、动强度曲线等内容。土体的破坏是一个复杂的过程，对于砂类土，一般认为出现液化即达到破坏标准；对于黏性土，其破坏标准可以分为孔压标准、屈服标准及应变标准等。Hyodo 等根据试验结果对应的破坏标准，将每一圈动应力峰值与对应的有效应力的比值定义为有效应力比，然后绘制了有效应力比与应变之间的曲线，将曲线中的拐点对应的应变定义为破坏应变。陈颖平等则是针对软黏土将 $\varepsilon\text{-}\lg N$ 关系的应变发展曲线中出现的拐点所对应的应变定义为破坏应变，其随软黏土的动应力幅值的变化而变化。

Hyde 等在单向循环荷载作用下对土体进行试验，将其有效应力路径达到静力极限状态破坏线（critical state line，CSL）时所对应的应变定义为破坏应变。他们还基于有效应力路径极限状态提出了相对应的破坏标准，破坏标准可由式（1-4）描述：

$$\varepsilon_{\mathrm{f}}=\frac{\lambda+1}{\dot{u}}\left\{\left[\frac{\kappa+1}{\dot{u}}\left(1+\frac{q_{\mathrm{r}}}{p'}\left(\frac{1}{3}-\frac{1}{M}-A_{\mathrm{cyc}}\right)-\dot{u}\right)+1\right]^{\frac{(\lambda+1)}{(\kappa+1)}}-1\right\}+\dot{\varepsilon} \qquad (1\text{-}4)$$

式中：$\dot{\varepsilon}$ 为应变速率；λ 为 $\ln\dot{\varepsilon}$ 与 $\ln t$ 的比值；$\dot{u}$ 为孔压比速率；κ 为 $\ln\dot{u}$ 与 $\ln t$ 的比值；M 为土体在极限状态破坏时对应的斜率，用 CSL 表示；p' 为平均有效主应力；q 为广义剪应力；A_{cyc} 定义为 u_{cyc}/q，即循环瞬时围压偏应力幅值，定义为 5% 应变所对应的循环围压幅值。

然而，式（1-4）的参数较多，需要通过单向循环加载试验获得各个参数的具体数据。

目前，针对饱和软黏土的研究成果较多，但主要是将土体破坏时所对应的应变作为破坏标准，与其对应的循环加载次数 N 定义为循环破坏次数。张炜等通过对黏土开展循环动力特性试验，获取了南海北部区域黏性土的循环特性及动力学参数；郑刚等对天津临港工业区的黏性土进行原状土动力特性和重塑土动力特性试验研究，不仅根据试验结果绘制了四种动变形曲线，还根据其变形曲线定义了相对应的破坏标准。

部分学者对不同土体施加双向循环加载以进行室内模拟试验，研究其动力特性。Ishihara 等通过双向循环加载路径对砂类土进行了单向、双向直剪试验，发现其破坏剪应力的大小有明显区别，其双向直剪试验的破坏剪应力约为单向直剪试验所对应的 65%。在其他条件相同的前提下进行单向、双向振动试验，得到双向振动试验下的孔压峰值为单向振动试验的 1.2 倍，累积变形为单向振动试验的 1.12 倍。最后，对试验结果进行分析，发现单向振动后土体的抗液化承载能力明显大于双向振动后土体的抗液化承载能力。Boulanger 等为了研究剪应力变化对砂类土动力特性的影响，在不同初始剪应力条件下采用双向振动加载形式进行了室内模拟试验，试验结果表明，砂类土在振动加载后土体的初始剪应力对液化的发展规律有较大影响。Seed 等通过双向直剪仪等设备对砂类土进行动力特性研究，探讨双向循环加载应力路径下动应力大小及方向的变化对其动力特性的影响。冷建等在动三轴试验过程中，通过调整加载频率及动应力比等试验参数，研究上海软土的动强度与其试验参数之间的变化规律，并对试验结果进行对比分析，发现土体剪切模量与应变之间的关系曲线的发展规律受加载频率和动应力比的影响较小。刘维正等通过对人工结构性软土进行动力三轴试验，探讨土体胶结强度、初始孔隙比、动应力幅值及围压等因素对土体累积变形及动强度等参数的影响，为后续相类似的软土地基的灾变处理及预防提供了技术支持。以上试验成果主要是针对砂类土和软土两方面，对于红黏土的动力特性的研究少之又少。

聂庆科等通过动力三轴试验系统对重塑红黏土进行了一系列动力特性试验研究，指出试验土样的应力-应变关系曲线中土体轴向变形量随冲击荷载加载次数 N 的增加而增长，且冲击荷载加载次数 N 对土体抗剪强度的影响更为明显。龙万学等以贵阳地区红黏土为对象，对其进行常规三轴试验，根据试验结果就其应力-应变关系曲线和破坏形式进行对比分析，建立了相关数学模型，为贵阳地区红黏土的物理指标与抗剪强度的取值提供了一定的技术指导。为更深入地分析红黏土的应力历史对其动力特性的影响，李剑等对重塑红黏土进行了一系列室内模拟试验，在试验成果的基础上建立了不同应力历史条件下的动模量-应变曲线和动应力-应变骨干曲线，为分析应力历史变化对红黏土动力特性的影响提供了一些有益结论。

刘晓红则对原状红黏土进行了不排水动力特性试验，通过改变固结比、含水率、围压等不同的试验条件，分析这些参数对红黏土的动力特性、动弹性模量及动本构关系的影响。肖丽娜等通过对红黏土进行直剪试验，探讨红黏土地基的上覆荷载与抗剪强度发展规律间的变化关系。张东东等利用 PLAXIS 岩土软件对赣南红黏土在不同降雨速率工况条件下的边坡稳定性进行理论研究，充分考虑降水条件及入渗速度等的影响，对 Bishop 强度准则和渗流场偏微分方程等进行修正，建立关于渗透场和应力场的耦合控制方程。然而上述的研究成果中，所施加的荷载不具备交通循环荷载的复杂性及长期性的特征。

1.2.1.2　动变形特性

土体在动力荷载作用下，一般均产生残余变形，其残余变形具有随着动力荷载的持续而稳定增长的特点，结构性低、动力荷载小等弹性变形的土体除外。循环荷载分为双向及单向循环加载两种类型，其中交通循环荷载属于单向循环加载范畴，单向循环加载波形示意图如图 1-3 所示。

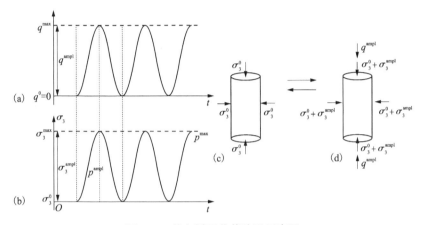

图 1-3　单向循环荷载波形示意图

土体由单向循环荷载作用引起的轴向应变随时间变化的发展规律如图 1-4 所示。结果表明，土体的轴向应变由回弹应变 ε_γ 和残余应变 ε_p 组成，其中回弹应变 ε_γ 是可恢复的，而残余应变 ε_p 是不可恢复的，且轴向应变随着循环加载次数 N 的增加而不断累积。

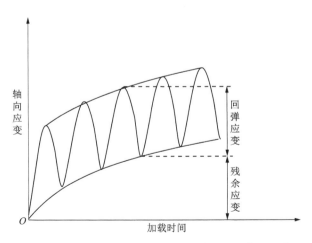

图 1-4　单向循环荷载作用下土体的轴向应变发展示意图

图 1-5 为单向循环荷载作用下，每一周滞回圈的应力-应变关系曲线，每一周滞回圈都可以清晰地看到其回弹应变 ε_y 和累积应变 ε_p。其累积应变 ε_p 的计算方法有经验模型和弹塑性模型两种。已有的弹塑性模型主要是针对砂类土和黏性土而提出的，例如，Simonsen E 和 Dafalias Y F 提出了各向同性硬化模型，Morz Z 和 Bardet J P 提出了各向异性硬化模型，Lade P V 和 Hashiguchi K 提出了旋转随动硬化模型等。当采用弹塑性模型对土体进行累积应变 ε_p 计算时，需模拟每一次的循环加载过程，但经过上万次的大循环加载试验的试验成果往往偏差较大。与弹塑性模型相比，经验模型对土体进行累积应变 ε_p 计算时，是直接建立累积应变与循环次数之间的关系式，具有一定的优势。目前，经验模型的常见形式主要以对数、双曲函数和幂律函数为主，并且已经应用于各类土体在交通循环荷载作用下的沉降预测。

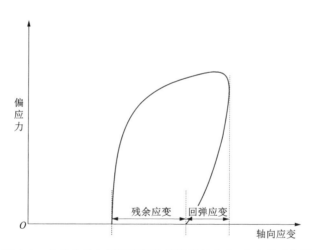

图 1-5　土体由单向循环荷载作用引起的应力-应变关系曲线

目前普遍采用的累积应变经验模型有以下几种。

（1）Monismith 提出的指数方程：

$$\varepsilon_p = AN^b \tag{1-5}$$

式中：ε_p 为累积应变；A 和 b 为模型参数；N 为循环次数。

（2）Li 等对式(1-5)进行了修正，得到下列指数方程：

$$\varepsilon_p = a\left(\frac{q_d}{q_f}\right)^m N^b \tag{1-6}$$

式中：a、b 和 m 为常数；q_d 为交通循环荷载作用下土体的动偏应力值；q_f 为不排水条件下土体在静力荷载作用下对应的强度破坏值。

（3）Chai 等考虑初始偏应力的影响，在式（1-6）的基础上进行了进一步的修正，得到下列指数方程：

$$\varepsilon_p = a \left(\frac{q_d}{q_f} \right)^m \left(1 + \frac{q_0}{q_f} \right)^n N^b \tag{1-7}$$

式中：q_0 为初始偏应力；n 为常数；其余参数定义与式（1-6）相同。

随着试验设备的不断更新，国内外学者对土体的变形特性研究取得快速的发展，在试验过程中考虑的因素也越来越多，如在试验过程中考虑不同排水条件、不同循环加载次数、不同固结比及加载频率等因素的影响，试验成果越来越丰富。

王军等通过动三轴试验设备，对温州软黏土进行双向激振循环加载试验，探讨循环围压变化对土体累积应变发展规律的影响，试验结果表明，应力路径的改变对温州软黏土的沉降累积速率有较大影响。孙磊等针对温州软黏土在不同围压条件下进行不排水循环加载试验，并对其试验结果进行对比分析，发现循环围压和循环偏应力的耦合效应对土体累积变形的发展速率有较大影响。为了研究循环动应力、循环加载速率、固结比等参数对天津海滨软黏土的软化指数的影响，杨爱武通过 GCTS 循环剪扭三轴试验设备进行了循环动三轴试验，并根据试验结果，考虑软化指数与累积轴向应变之间的关系，建立了相关的经验公式。黄博等针对京津城际铁路沿线的饱和软黏土进行了不排水循环剪切试验，根据实验结果分析循环加载次数、加载类型等因素对饱和软黏土的动孔压、变形及临界循环应力比等的影响。Huang 等在考虑应力历史、动应力水平及循环荷载引起的轴向累积应变与平均固结应力之间归一化的基础上，提出了一种计算饱和黏性土在循环荷载作用下轴向累积应变的显示模型。针对由于塑性体积应变引起的土体硬化，申昊等提出了修正的不排水条件下塑性剪切应变计算模型，以萧山黏土为对象，通过动三轴模拟试验进行验证，为黏性土的塑性累积变形预测提供技术支撑。Hu 等根据不排水剪切试验，得到了初始变形模量比与超固结比的关系式和初始变形模量比与初始剪切应变的关系式，充分考虑固结比对孔隙水压力和剪切应变的影响，建立了饱和黏性土变形模型的近似公式，并通过试验验证了其合理性。为了研究天津饱和黏土的动力特性，霍海峰等对正常固结天津饱和黏土进行室内循环剪切试验，研究静偏应力和动应力的耦合作用对土体的动变形、动孔压及弹性模量的变化规律的影响，试验结果表明，不同应力组合下土体动变形的发展规律有明显不同，当静偏应力为0时，土体产生拉应变，表明静偏应力对黏土的循环特性的影响显著。穆坤等充分考虑初始剪应力、固结比及含水率等因素的影响，对广西原状红黏土进行了动三轴模拟试验，得到了初始剪应力、动弹性模型、初始应力状态与动应变、动弹性模量的关系。傅鑫晖等以重塑红黏土为对象，对其进行抗剪强度试验，试验结果表明，非饱和红黏土中含水率的变化对土体的强度有较大影响，然后在此基础上，利用非饱和土有效应力原理对红黏土的孔径分布特性与强度之间的关系进行研究。王籹鹏等对江西省东乡区重塑红黏土进行双向动荷载作用下的动力特性试验，通过对试样进行等压固结和偏压固结等方式，探讨动荷载幅值、振动次数对动剪切模量、动剪应力的影响，试验结果表明，土体的循环次数对预剪应力和径向动荷载幅值有较大影响。穆锐等利用 SDT-20 动三轴试验仪采取正弦波循环加载方式对贵阳原状红黏土试样进行动力特性试验，分析动应力幅值及围压对土体累积变形的影响，基于等效动弹性模量建立了考虑循环加载次数 N 和围压等因素的土体动本构模型。

随着测试技术的进步及空心圆柱剪扭系统的开发，试验设备能够实现主应力轴旋转的模拟功能。许多研究人员通过空心圆柱试验系统研究交通荷载作用下的土体力学行为，发现主应力轴旋转对土体应变和刚度的发展有较大影响，且随着循环应力比的增加和水平剪应力的增大，土体的累积变形越来越显著。

综上所述，土体的动力特性与其物理力学性能、固结比、偏应力幅值、排水条件、加载次数及频率等因素有较大的关系。但以上结果主要是针对砂类土或不同类型的黏性土进行动力特性研究，有关红黏土的研究成果偏少。

1.2.1.3　动孔压特性

土体在交通循环荷载作用下，受到应力路径和偏应力幅值的影响，孔隙水压力发生明显的变化，导致其承载能力也发生了较大的变化；土体在扰动条件下，对孔压发展规律的影响显著。根据 Skempton 孔隙水压力式（1-8）可知，孔隙水压力与固结比、有效应力等因素有关。

$$\Delta u = B \times (\Delta \sigma_3 + A \times \Delta q) \tag{1-8}$$

式中：$\Delta \sigma_3$ 为围压变化值；B 为 Skempton 孔压系数；A 为模型参数；Δq 为偏应力变化值。

张建民等对由交通循环荷载作用引起的土体孔隙水压力进行分类，可以分为应力孔压、结构孔压和传递孔压。其中，应力孔压是可恢复的，结构孔压是不可恢复的，传递孔压是由于土体颗粒间的孔隙水在渗流作用下形成骨架应变势而产生的孔隙水压力。

Yasuhara 提出了轴向应变与动孔压之间的关系式：

$$\Delta u = \frac{\varepsilon}{a + b\varepsilon} \tag{1-9}$$

Hyde 等对粉质黏土进行室内循环加载模拟试验，并根据试验结果，建立了循环加载次数与应力水平之间的关系式：

$$\frac{\Delta u}{p'} = \frac{\alpha}{\beta+1}(N^{\beta+1} - 1) + \alpha \tag{1-10}$$

Matasovic 对黏性土进行循环加载试验，根据试验成果，充分考虑循环加载作用对孔压发展规律的影响，建立了孔压的模拟预测公式：

$$u_N' = AN^{-3S(\gamma_c - \gamma_{tv})'} + BN^{-2S(\gamma_c - \gamma_{tv})'} + CN^{-S(\gamma_c - \gamma_{tv})'} + D \tag{1-11}$$

部分学者对不同类型的土体进行了交通循环荷载作用下的动孔压试验研究，探讨孔压随着应变的发展规律，在此基础上建立了动孔压模型。Seed 等利用 Terzaghi 理论对砂类土进行不排水动力特性试验研究，探讨砂类土动孔压对土体沉降的影响；Matsui 对 Senri 黏土进行室内循环剪切试验，分析加载频率对孔压及轴线应变的发展规律的影响。Yasuhara 针对 Ariake 软土进行了应力控制试验，得出了随着低频荷载愈低、孔压愈小等相反的理论。王鑫针对南京河西典型重塑软黏土进行了不排水空心扭剪试验，探讨振动频率对动孔压与临界动应力的影响。李志勇等针对湘南红黏土进行了动力三轴剪切试验，探讨循环偏应力、循环围压应力及体应力与动态回弹模量之间的关系。Li 等通过不同应力路径加载形式进行室内试验，得出了红黏土结构强度及变形与应力水平、应力路径的关系。潘坤等采用 CKC 动三轴试验设备对饱和松砂进行了试验研究，探讨了剪切荷载对孔压累积发展规律的影响。霍海峰等对天津饱和黏土进行了循环剪切试验，发现应力组合变化对土体孔压及变形的发展有较大影响。臧濛等针对天然强结构性湛江黏土，通过开展不同静偏应力下的不排水循环加载三轴试验，对交通循环荷载作用下的动变形、动强度和动孔隙水压力特性以及与土结构性的内在联系进行系统性的试验研究。刘飞禹等通过 GDS 动态循环单剪仪对温州软黏土进行了不排水循环单剪试验，探讨循环应力比及相位差的改变对黏性土孔压发展规律的影响。杨爱武等对天津海积软土进行室内循环加载试验，对其试验结果进行对比分析，发现动应力幅值的变化对天津海积软土动应变和动孔压的发展规律有较大影响，特别是动应力幅值与临界动应力的耦合效应对动应变发展规律的影响特别显著。地基土体下卧层的差异性造成土体的固结程度有较大差异，针对此类情况，魏新江等对杭州饱和软黏土进行了不同固结度的动力试验研究，发现循环荷载对软黏土孔压发展规律的影响较小，但固结比对孔压发展规律的影响较大。许成顺等对饱和粉细砂进行了等向固结循环剪切试验，根据试验结果得出了轴向应力和剪应力的变化对土体孔压的大小值有较大影响，但是对其增长速率的影响较小。沈扬等通过主应力轴旋转的饱和软黏土室内试验，研究了不同试验条件下累积变形、动孔压与强度特性之间的关系。

谢琦峰等对宁波饱和重塑粉质黏土进行了动力特性试验研究，建立了累积塑性应变与孔压之间的经验公式，提供了粉质黏土在长期振动荷载作用下引起的孔隙水压力计算公式。聂勇等通过多向循环单剪试验，分析了循环剪切方向和剪应变幅值对软黏土剪切模量和孔压的影响。黄珏皓等在不排水条件下通过模拟循环正应力和循环剪应力对重塑软黏土的耦合作用，发现循环应力比、循环围压及振动频率等参数对软黏土的孔隙水压力的发展有较大影响。刘添俊等通过循环拉伸载荷试验和循环压缩载荷试验对饱和软黏土进行试验，发现试验加载方式的变化对临界循环应力比和孔压的累积有较大影响。孙锐等考虑循环剪切模量和循环剪应力对孔隙水压力的影响，通过 DYNTTS 三轴仪对不同密度的饱和砂土进行液化试验，并在此基础上提出了考虑孔压增长下的砂土循环最大剪切模量和极限剪应力的具有不同精度的计算公式。Ren 等研究了在长期低周反复荷载作用下软土的不排水孔隙压力特性，并根据试验成果提出了一种新的双曲线孔压预测模型，其能够对长期低周反复荷载作用下不排水孔压的发展进行预测。Li 等研究了不排水条件下饱和软土的等效黏弹性模型，通过循环三轴压缩和拉伸试验研究对模型参数进行了验证。He 等根据软黏土在静载作用下循环累积变形与蠕变相似的特点，以循环次数为时间，在拟静力弹塑性有限元分析方法的基础上建立了循环累积变形计算模型。

以上主要是针对不同土体在交通循环荷载作用下的动力特性试验结果，研究了应力路径、加载速率、排水条件及固结比等因素对土体动孔压特性的影响，研究对象以砂类土和软黏土为主，关于红黏土的研究成果偏少。

1.2.2 土体动本构模型

国内外很多学者采用弹塑性模型和黏弹性模型对各类土体进行动力特性本构模型研究。自 Seed 提出采用等价线性方法以来，尽管黏弹性理论得到广泛的应用，但在土体的试验过程中需要对试样进行大次数循环加载，而采用黏弹性模型计算土体大应变时具有误差偏大等局限性，因此，一般采用动弹性模型对土体由循环荷载作用引起的动力特性进行本构模型模拟。

常见的动弹性模型有如下几种：①参考现有弹塑性模型，放弃单屈服面的概念，充分考虑非等向硬化和运动硬化等非等向硬化规律，如 Ghaboussi 等以及 Sato 等研究发展了多屈服面模型，Mroz 等提出了多屈服面各向异性硬化的模量模型；②在现有的塑性理论中，采用硬化插值法函数方法对土体由交通循环荷载作用引起的应变硬化进行模拟；③基于弹塑性模型，考虑土体在初始加载过程中动荷载等因素的影响，建立相关的本构模型，如 Hueckel 等在相关的试验成果的基础上建立的超弹性滞后模型；④Matsuoka 提出并发展完善了多机构模型。但是上述模型在描述红黏土的动力特征方面有诸多不足，总体表现为已有的本构模型在描述饱和红黏土的循环软化、主应力轴连续旋转等动力特征方面的理论描述与实际情况有较大误差。

随着试验设备的更新，土体本构模型的完善也得到快速发展。众多学者对不同类型的土体进行了系统的试验研究，并根据试验结果，在剑桥模型、修正剑桥模型、MIT 模型或边界面模型等的基础上，充分考虑应力路径、土体结构单元中孔隙变化、土体变形及孔隙水压力等因素的影响，对已有的本构模型进行修正。此类模型中，大多数是侧重于土体在加、卸荷载作用下试样本身的变形与孔压的发展，且关于砂类土液化和剪胀方面的研究成果偏多。Li 和 Meissner 等根据临界状态土力学理论，在机动硬化规则的引导下，对黏性土进行不排水循环加载试验，并考虑加载历史对土体累积变形的影响，建立双面塑性本构模型。

如图 1-6 所示，双面塑性本构模型能灵活地模拟土体循环荷载的实际加载状态，同时能够考虑应力−应变非共轴的影响。虽然双面塑性本构模型能够调整应力空间加载屈服面的运动形式，但是不能模拟主应力轴的旋转。吴小锋等以海口红黏土为对象，考虑应力−应变等结构性宏观参数对土体微观结构的影响，对剑桥模型进行修正以反映海口红黏土的结构特性，从而实现对海口红黏土整个破坏过程的描述。在不排水条件下，沈扬等对密实粉土进行主应力旋转试验，探讨偏压固结对复杂动应力的影响，并在此基础上，提出了考虑主应力轴旋转的孔压预测模型。杨彦豪等通过杭州软黏土的不排水定向剪切和循环加载研究，探讨主应力轴旋转与弹性应变的关系，分析弹性应变与非共轴角 β^p 之间的变化规律。肖军华等通过空心圆柱仪对上海软土进行了复杂应力路径试验，预估实际交通荷载软黏土的累积变形。针对正常固结饱和原状黏性土，胡小荣等基于扰动概念，结合修正剑桥模型与三剪强度准则建立了本构模型，并通过试验证明了所得到的模型可以很好地反映赣南原状饱和红黏土的力学特性和变形特性。杜修力等在剑桥模型的 $D-P$ 强度理论的基础上，考虑广义剪应力 q_β 和平均主应力 p_β 等的影响，提出了新的本构模型。Wu 等在各向结构固结中引入应变参数的修正剑桥模型，描述各向同性固结和球面应力的变化对海口红黏土的不同应力路径的破坏过程的影响规律。可见，当前已有的土体本构模型理论成果虽然大部分考虑了复杂应力路径的影响，但其中大多数是针对软黏土的研究，有关红黏土的研究成果偏少。由于红黏土的物理力学特性的特殊性，需要对其进行大量的试验研究，探讨交通循环荷载作用及排水条件等因素对土体动力特性的影响，为红黏土地基的工程应用提供理论和技术指导。

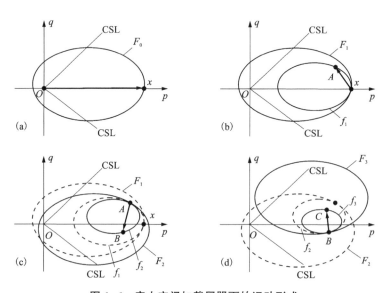

图 1-6　应力空间加载屈服面的运动形式

1.3 研究内容、创新点与技术路线

1.3.1 主要研究内容

综上所述,众多学者在不同应力路径和不同排水条件下对不同类型的土体进行了动力特性和本构模型的研究,并取得了丰富的研究成果,但总体上针对红黏土的研究偏少。因此,为了充分了解和揭示红黏土在交通循环荷载作用下的动力特性,有必要对红黏土进行深入、系统的研究。

本书以赣南原状饱和红黏土为研究对象(以下简称饱和红黏土),利用 GDS 变围压三轴试验系统,充分考虑不同排水条件、不同固结比及不同应力路径等因素对饱和红黏土动强度、动孔压、累积变形及动本构模型的影响,开展了一系列静、动力特性试验研究,并在试验成果的基础上建立红黏土动本构模型,确定相关本构参数。具体研究内容如下。

(1)对饱和红黏土进行室内基本力学试验,确定土体的基本物理力学指标;对正常固结饱和红黏土与超固结饱和红黏土进行常规三轴压缩试验,研究固结比对土体有效应力路径发展规律的影响。

(2)针对不同固结比饱和红黏土,利用 GDS 动三轴试验设备进行不同排水条件下的静力三轴剪切试验,探讨排水条件和应力路径的变化对饱和红黏土的应力-应变特性及割线模量的影响。

(3)针对不同固结比饱和红黏土,利用 GDS 动三轴试验设备进行多次常围压和变围压单向循环加载试验,探讨排水条件和应力路径的变化对饱和红黏土的动强度、动孔压及割线模量的影响。

(4)基于修正剑桥模型理论,考虑排水条件及加载速率对饱和红黏土动力特性的影响,修正弹性增量和塑性增量方程、边界面方程和非线性运动硬化法则,建立能够反映排水条件、加载速率、初始固结状态及应力历史影响的动本构模型,表明交通循环荷载作用下饱和红黏土的变形特征,探讨敏感参数对本构模型的影响规律。

1.3.2 创新点

(1)考虑固结比、排水条件及应力路径等的影响,利用 GDS 变围压试验系统对赣南饱和红黏土进行静力三轴剪切试验,分析不同排水条件对饱和红黏土的应力-应变特性、割线模量的影响,揭示应力历史、排水条件及应力路径对饱和红黏土静力特性的影响机制。

(2)考虑固结比、排水条件及应力路径等的影响,对赣南饱和红黏土进行单向循环加载试验,分析交通循环荷载作用下饱和红黏土的动强度、变形特性及孔压发展规律,建立回弹模量及永久轴向应变预测公式,揭示应力历史、排水条件及应力路径对饱和红黏土动力特性的影响机制。

(3)在试验的基础上,修正剑桥模型理论,考虑排水条件对饱和红黏土动力特性的影响,改进弹性增量和塑性增量方程、边界面方程和非线性运动硬化法则,建立能够反映排水条件、初始固结状态及应力历史影响的动本构模型,并对模型中赣南饱和红黏土的参数进行标定。

1.3.3 技术路线

图 1-7 为本书采用的研究技术路线图。

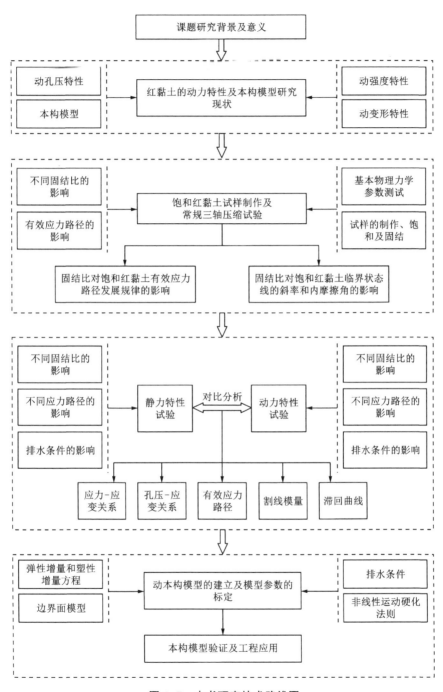

图 1-7 本书研究技术路线图

第 2 章
试验设备与土样

　　赣南地区存在大量的碳酸盐类岩石，其地形地貌具有低山丘陵的特点。红黏土主要由碳酸盐岩体经过长年累月的物理化学作用而形成，是一种高塑性黏性土，具有明显的高孔隙比、高液塑限、高收缩性等特点，土体颜色以褐红、棕红等为主。由于地下水或降雨等，红黏土的含水率随之发生变化，其土体强度和渗透系数也均会发生明显的变化，而在此地区进行高速铁路、高速公路、市政工程建设及各类基础建设，不可避免地会遇到此类土体。为了更深入地了解赣南红黏土，需对其进行不同条件下的室内模拟试验，探讨红黏土地基由交通循环荷载作用引起的静动力特性，因此本书利用英国 GDS 公司生产的电机控制动三轴试验系统（DYNTTS），对赣南原状饱和红黏土开展静、动力特性试验研究。

　　本章内容包括三个部分：第一部分主要对设备的构成、工作原理、测试精度等进行介绍；第二部分主要是对赣南地区原状饱和红黏土土样的获取、检验、基本物理力学性质的确定以及试样的制作、饱和及固结等基本步骤进行介绍；第三部分主要是对赣南饱和红黏土进行常规三轴压缩试验，对试样的变形特性、孔压发展规律及有效应力路径等方面进行研究。

2.1　试验设备简介

2.1.1　GDS 动三轴试验系统的组成

　　如图 2-1 和图 2-2 所示，DYNNTS 系统包括驱动装置、压力室罩、围压控制器、反压控制器、信号调节装置等部分。

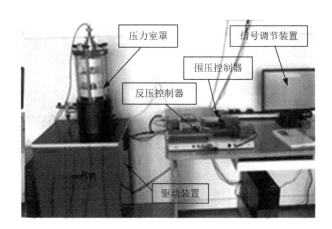

图 2-1 GDS 动三轴试验系统

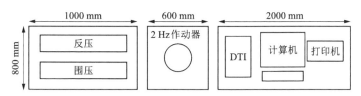

图 2-2 试验系统布置

该仪器的轴向位移测量分辨率为 0.08 μm，对于本书所采用的 50 mm×100 mm 试样，精度可以达到 $5×10^{-5}$ 级别，轴向力的量程精度为 0.1%。试验采用 3 kN 传感器，精确度为 0.5 N。围压和反压控制器的精度可以达到 1 kPa，反压控制器测量体应变的精度为 1 mm^3。

（1）驱动装置和压力室罩

驱动装置包括压力室和轴向驱动器，在驱动装置的柜子上固定压力室底座和轴向驱动器。压力室底部有可以连接压力室的孔压、围压、反压等各种类型液压接头。

压力室罩主要包含穿过压力室顶部的与传力杆相连的可以转换的荷载传感器，具有移动、安装方便等特点。压力室罩的主要材料是高强度有机玻璃。加载杆进出压力室会导致体积发生变化，可通过平衡锤对其体积变化值进行补偿。

（2）围压控制器

围压控制器包含 1 个数字式压力控制器，其具体参数为 GDS200 mL/3 MPa，如图 2-3 所示。本试验采用的加载介质为油，通过控制直流伺服马达来调整油压大小。

（3）反压控制器

反压控制器包含 1 个数字式压力控制器，其具体参数为 GDS200cc/3 MPa，如图 2-4 所示。反压控制器主要是通过马达和螺旋驱动活塞对油进行压缩，也可以通过控制面板，按照应力控制或应变控制等加载方式对试样进行加压。

图 2-3　围压控制器　　　　　　　　图 2-4　反压控制器

（4）信号调节装置

信号调节装置主要包含数字信号和模拟型号两个部分，如图 2-5 所示。其中模拟信号调节部分，通过 1 个有 8 个通道的 A/D 板对传感器提供电压、调零和设置增益值。信号调节装置被安装在一个独立的装置中。

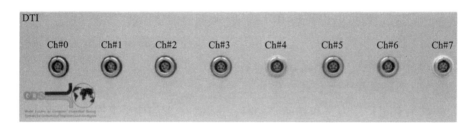

图 2-5　信号调节装置

GDS 动三轴试验系统的控制系统为分散控制系统（distributed control system，DCS），它能够储存总共达 8MB 字节的动态数据，这也就意味着 8388608/2＝4194304 数据点（因为每个子样占 2 个字）。能被记录的数据周期数与两个因数有关,每个数据周期保存的参数个数和数据回收率。DCS 数据以先进先出(first in first out,FIFO)形式排列,所以将 DCS 内存卡里的数据下载到计算机里时,自由的内存空间可以存贮更多的数据。

2.1.2　GDS 动三轴试验系统工作原理

随着科学技术的发展和科学研究深度的提升,试验设备的精确度及全面性得到大幅度的提升。用于研究不同类型土体的试验设备,由常规静三轴试验系统发展到变围压动三轴试验系统。常规动三轴试验原理可以查阅《地基动力特性测试规范》(GB/T 50269—2015),且在各类文献中都有大量描述,本书不再赘述。利用变围压动三轴试验系统对土样施加不同类型的围压荷载,图 2-6 为三轴静力试验中试样的受力状态。首先,通过压力室对内部的液体施加荷载以保证试样各个表面的围压相同,从而实现试样的等向固结;其次,在围压保持 σ_{30} 不变的情况下,对试样施加轴向压应力,此时试样的最大压应力 $\sigma_1 = \sigma_{30} + q$,偏应力 $q = \sigma_1 - \sigma_{30}$,如图 2-6(a)所示;最后通过调整偏应力 q 以实现试样的等压固结和偏压固结,可以在 $p'-q$ 平面中于不同应力路径条件下进行静力特性试验,图 2-6(b)为变围压应力路径剪切试验的受力状态图。

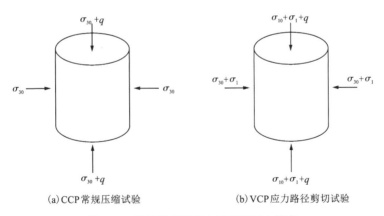

(a) CCP 常规压缩试验　　　　　　(b) VCP 应力路径剪切试验

图 2-6　三轴静力试验中试样的受力状态

图 2-7 为三轴动力试验过程中试样的受力状态,其中图 2-7(a)为常规三轴循环剪切试验,图 2-7(b)为不同应力路径下试样的循环剪切试验。在试样饱和、固结之后,保持围压不变,除了设备自带或自定义的波形对试样进行轴

向偏应力加载，模拟不同类型的动荷载。除了对试样进行变围压（VCP）动力特性试验，同时还对试样施加轴向动偏应力 q^{ampl} 和径向动偏应力 σ_3^{ampl}，可以让试样在 p-q 平面中于不同应力路径条件下进行静力特性试验。

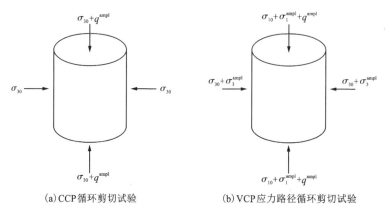

(a) CCP循环剪切试验   (b) VCP应力路径循环剪切试验

图 2-7　三轴动力试验中试样的受力状态

2.2　试验土样的工程性质与制备

2.2.1　试验土样的工程性质

本书试验所用红黏土土样取于江西省赣州市会昌县某工程项目的天然地基土层，其场地地质情况、地下水位深度和取样深度如图 2-8 所示。试验采用薄壁取样法采取土样，在材质为硬质 PVC 管特制的薄壁管（长 300 mm，直径 160 mm，壁厚 3.2 mm）内部涂上凡士林，然后将其缓慢地插入红黏土中。为了减少对饱和红黏土的扰动，在试验前需将红黏土土样从薄壁管中缓慢地取出。从现场取出土样后，立即对薄壁管两端进行密封，并存储在恒温箱，以备试验时使用。

在试验段采样共 80 组，以备后续进行室内土工试验及不同排水条件下的静力、动力特性试验，表 2-1 为通过土工室内试验获得红黏土的基本物理指标。

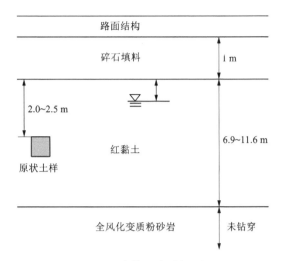

图 2-8 路基层地质剖面图

表 2-1 饱和红黏土的基本物理指标

颗粒相对密度 G_s	天然含水量 w_n	液限 $w_L/\%$	塑性指数 $I_p/\%$	初始孔隙比 e_0	饱和度 S_r	粒径分布/%	
						<2 mm	<0.075 mm
2.67~2.70	26.5~27.8	35.2	18.2	0.78	90.1~94.5	100	91.8

为了获得所取土样的扰动程度，根据 Leroueil 等提出的 $\Delta e/e_0$ 标准对土样进行扰动程度的检测，并对其评估方法提出了使用条件，如表 2-2 所示。其中 Δe 为饱和红黏土试样为天然状态时对应的孔隙比变化值，e_0 为试样的初始孔隙比。

表 2-2 $\Delta e/e_0$ 评估标准

超固结比 P_{OCR}	符合程度			
	完全符合	符合	基本符合	不符合
1~2	<0.04	0.04~0.07	0.07~0.14	>0.14
2~4	<0.03	0.03~0.05	0.05~0.10	>0.10

注：塑性指数 $I_p = 6\% \sim 43\%$，含水量 $w_n = 20\% \sim 67\%$，超固结比 $P_{OCR} = 1 \sim 4$，取土深度为 2~2.5 m。

本书对饱和红黏土试样进行室内一维固结压缩试验，根据试验结果绘制了 e-lgp' 曲线，如图 2-9 所示。

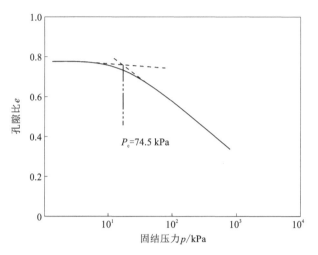

图 2-9　固结压缩试验 e-lgp' 曲线

对图 2-9 进行分析，可以看出土体的先前固结压力 p_c = 74. 5 kPa，此时所对应的 e = 0. 78，则 $\Delta e/e_0$ = 0. 038。由于该地区的土为正常固结土，说明该土样的取样方法及所取试样与天然原状土完全符合。

2.2.2　试样的制备

试样的制备主要由试样的制作、饱和及固结等方面组成。

2.2.2.1　试样的制作

本书在试验过程中，将试样制作成如图 2-10 所示的高度为 100 mm、直径为 50 mm 的圆柱体。在试验之前，用推土器将土样分段从薄壁管中挤出，用专用切土器按试样规格进行切土、修边。为了保证试验成果的准确性，在试样制备过程中，应尽量减小对原状土样的扰动。

在制备试样后，先用滤纸粘满试样周围的表面，然后用 0. 3 mm 的橡皮膜包裹试样，最后在三轴试验系统的压力室底座上用承膜筒固定试样，并在试样的上下两端安装透水石，以此来保证试样在整个试验过程中排水通畅。待试样制作完毕之后，再进行压力室外罩及其他组件的调整与安装；最后，用水对试样进行饱和与加载试验。在整个试样的安装和试验过程中，应尽量避免或减少对原状土样的扰动或破坏。

图 2-10　三轴试样的制作

2.2.2.2　试样的饱和

对试验土样进行饱和，就是用水填满试验土样，在整个过程中，需将设备的排水通道开通以实现排气处理。通过三轴压力室对试样进行反压饱和，然后从每级累积增加载荷 75 kPa 阶段逐级施加到 235 kPa 的反压、225 kPa 的围压，保持 10 kPa 的有效压力；待试样饱和 24 h 后，采用 B 值法检验试样的饱和度。B 值为 Skempton 孔压系数，可以表示如下：

$$B = \frac{1}{1 + \frac{nC_1}{C_b}} \tag{2-1}$$

式中：C_1 为水体积压缩系数；C_b 为土骨架体积压缩系数；n 为孔隙率。

对于饱和红黏土，由于 $C_b \gg C_1$，即可假定 $B = 1$。试样的饱和度要求以 $B \geqslant 0.98$ 为准。待试样饱和度满足试验需求后，按照设定围压对试样进行等压固结。

2.2.2.3　试样的固结

GDS 动三轴试验系统具有对土体试样进行各向同性固结、各向异性固结、K_0 固结及超固结等各种不同形式的固结功能。例如，对试样进行各向同性固

27

结时，先通过反压使土体保持稳定，然后对试样各向持续增压，直到将试样压缩至试验所需的初始固结有效应力状态；当排水量 $\Delta u \leqslant 60$ mm³/h 时，可以确定固结体应变已达到稳定；为了得到试验所需的不同固结比试样，可以待试样固结完成以后，调整试验模块中的围压值，将围压值降低到所需的应力状态即可。

2.3　饱和红黏土常规三轴压缩试验

为了更好地了解赣南饱和红黏土的基本物理力学性能，需对其土体进行不同固结比状态下的常规三轴压缩试验，对饱和红黏土进行变形特性、孔压发展规律及有效应力路径等方面的研究。

2.3.1　试验方案

本书为了更深刻地研究固结比的变化对饱和红黏土静力特性的影响，拟通过 GDSLAB 软件进行试验控制和数据记录，对不同固结比饱和红黏土试样在不排水条件下进行 4 组常规三轴压缩（conventional triaxial compression，CTC）试验，具体的试验方案如表 2-3 所示。

表 2-3　常规三轴压缩试验方案

试验编号	初始固结围压 p'_{oc}/kPa	最终固结围压 p'_o/kPa	超固结比 P_{OCR}	加载速率
1	75	75	1.0	
2	150	75	2.0	$\Delta s = 0.1$ mm/min
3	225	75	3.0	
4	300	75	4.0	

对于 $P_{OCR} = 1.0$ 的正常固结饱和红黏土，试样在 75 kPa 压力下进行各向同性固结，而对于 $P_{OCR} = 2.0$、3.0、4.0 的超固结饱和红黏土，试样初始分别用 150 kPa、225 kPa、300 kPa 进行各向同性固结，固结后卸载至 75 kPa 再重新进

行各向同性固结。固结完成后，停止排水。然后根据表 2-3 中的数据，对试样进行不排水常规三轴压缩试验。

2.3.2　试验成果与分析

2.3.2.1　变形特性

土体的强度是指在一定条件下土体达到破坏时所对应的应力状态，其应力大小能够反映土体地基的承载能力和稳定性。很多学者采用不同土体进行室内模拟试验，对试验结果进行分析并绘制应力-应变发展曲线，在此基础上根据其应力峰值确定土体的破坏强度。

图 2-11 为根据试验结果绘制的饱和红黏土的应力-应变发展曲线。可见，虽然固结比不同，但其应力-应变关系曲线的发展规律基本呈非线性发展。不同固结应力比作用下，土体达到偏应力峰值时对应的轴向应变值不同，当 P_{OCR} = 1.0、2.0、3.0、4.0 时，其轴向应变值 ε_a 分别为 11.3%、12.6%、14.8%、10.9%，基本保持在 10%~15%；当 P_{OCR} = 1.0、2.0、3.0 时，土体的偏应力 q 随着轴向应变 ε_a 的增大而增大，其峰值出现在 10%~15%，且峰值不明显，并在

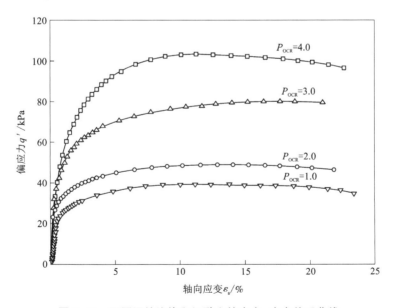

图 2-11　不同固结比饱和红黏土的应力-应变关系曲线

试验的最后阶段发生微弱的应变软化现象；而试样 $P_{OCR}=4.0$ 时的变化较大，试验开始阶段，试样的偏应力 q 随着轴向应变 ε_a 的增大而增大，且曲线呈非线性发展，其峰值与其他峰值相比，出现较早，且峰值较明显，超过峰值后，土体的偏应力 q 随着轴向应变 ε_a 的增大而减小，塑性变形迅速增强，试样所能承受的荷载明显降低。通过以上试验结果对比分析可得出，不同固结比对饱和红黏土的应力-应变关系有较大的影响，随着固结比的增大，饱和红黏土的应变软化性能愈加明显，且土体的强度愈高。

2.3.2.2 孔压发展规律

根据试验方案，对饱和红黏土进行静力剪切试验。图 2-12 为根据试验结果绘制的饱和红黏土的孔压-应变发展曲线。可见，超固结比 P_{OCR} 不同，饱和红黏土的孔压-应变关系曲线的发展规律明显不同，且孔压发展速率随着轴向应变 ε_a 的变化而变化。当轴向应变 $\varepsilon_a \leqslant 2\%$ 时，虽然超固结比 P_{OCR} 不同，但其孔压随轴向应变基本呈线性增长，饱和红黏土的孔压-应变关系基本类似，说明在轴向应变的开始阶段，固结比的变化对其发展规律的影响较小；当 $\varepsilon_a>2\%$ 时，随着超固结比 P_{OCR} 的变化，孔压-应变关系曲线的发展规律有明显区别，

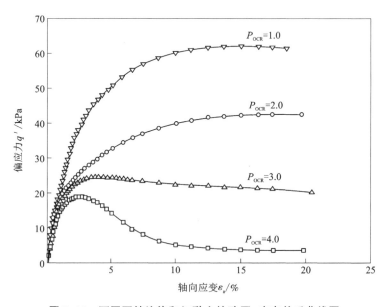

图 2-12 不同固结比饱和红黏土的孔压-应变关系曲线图

且随着轴向应变 ε_{a} 的增大，其孔压差值越大。当 $P_{OCR}=1.0$、2.0 时，饱和红黏土试样的孔压-应变关系曲线的发展规律基本相似，在试验开始阶段，随着轴向应变 ε_{a} 的增大，孔压持续增大；当轴向应变 ε_{a} 达到一定值后，随着轴向应变 ε_{a} 的持续增加，孔压发展速率逐渐减小，孔压最后趋于稳定状态。当 $P_{OCR}=$ 3.0 时，试样的轴向应变 $\varepsilon_{a}>4\%$ 后，其孔压基本保持稳定。当 $P_{OCR}=4.0$ 时，试样轴向应变 $\varepsilon_{a}=2.5\%$ 左右时，孔压达到了峰值，随着轴向应变 ε_{a} 的持续增加，孔压迅速降低，且随着轴向应变 ε_{a} 的持续增大，孔压发展速率逐渐减小；当轴向应变 $\varepsilon_{a}>10\%$ 之后，孔压基本趋于稳定状态。总体上，饱和红黏土随着超固结比 P_{OCR} 的增大，相同的轴向应变 ε_{a} 对应的孔压值逐渐减小。

通过以上试验结果的对比分析可知，饱和红黏土在不排水三轴剪切作用下超固结比 P_{OCR} 对饱和红黏土的孔压-应变关系有较大的影响，说明饱和红黏土在受到不同的应力条件下，其孔压-应变关系曲线的发展规律有显著不同。

2.3.2.3 有效应力路径

常规三轴压缩试验基本上均遵循 p'-q 平面描述土体的有效应力路径发展规律，如图 2-13 所示。图中的 q 为偏应力，p' 为有效平均主应力，其计算公式如下：

$$q=\sigma_1'-\sigma_3' \tag{2-2}$$

$$p'=\frac{\sigma_1'+2\sigma_3'}{3} \tag{2-3}$$

图 2-13 给出了不同超固结比 P_{OCR} 状态下饱和红黏土试样的不排水剪切试验在 p'-q 平面的有效应力路径发展规律。可见，在不排水条件的常规三轴试验中，超固结比 P_{OCR} 的变化造成了饱和红黏土的有效应力路径的差别比较显著；对于 $P_{OCR}=1.0$、2.0 的饱和红黏土，当偏应力达到峰值后，土体的有效应力路径均处于平缓状态；而对于 $P_{OCR}=3.0$、4.0 的饱和红黏土，当偏应力达到峰值后，土体的有效应力路径出现了一个明显的下降阶段，具有明显的软化现象。在不排水条件下，随着 P_{OCR} 的增大，饱和红黏土 q_f 随之增大。当 $P_{OCR}=$ 1.0、2.0、3.0、4.0 时，对应的 q_f 分别为 39.2 kPa、49.2 kPa、80.5 kPa、103.7 kPa。将不排水抗剪强度值进行连接是一条经过原点的直线，可得到饱和红黏土在不同固结比下的临界状态线（CSL 线），其斜率 $M=1.03$。根据土力学理论中临界状态公式(2-4)求内摩擦角，得到饱和红黏土的内摩擦角 φ' 为 26.1°。

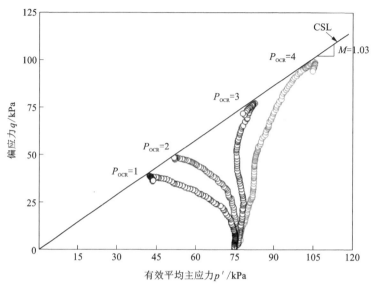

图 2-13　不同固结比饱和红黏土的有效应力路径发展规律

$$\sin \varphi' = 3M/(6+M) \qquad (2-4)$$

2.4　本章小结

本章对 DYNNTS 系统的组成以及 GDS 动三轴试验系统的工作原理进行了阐述,并对赣南原状饱和红黏土试样的制作、饱和及固结进行了描述;通过对其进行常规三轴压缩试验,得到如下结论。

(1)重点阐述了 DYNNTS 系统的组成以及 GDS 动三轴试验系统的工作原理。该试验设备具备较强的精度和控制能力,能够为本书后续的饱和红黏土的静、动力特性研究提供技术支撑。

(2)详细介绍了饱和红黏土的取样及试样的制作方法,包括试样的取土、保存、切土、滤纸安装等,对其试样的 B 值饱和固结检测原理进行了阐述,以此来证明试样制作方法的合理性和有效性。

(3)探讨了不同固结比饱和红黏土的变形特性和孔压发展规律,分析了固结比对饱和红黏土有效应力路径的影响。对于 P_{OCR} = 1.0、2.0 的饱和红黏土，土体偏应力达到峰值后，有效应力路径处于平缓状态；而对于 P_{OCR} = 3.0、4.0 的饱和红黏土，土体偏应力达到峰值后，有效应力路径出现了一个明显的下降现象，土体软化现象明显。根据不同固结比条件下饱和红黏土的有效应力路径发展规律，得到饱和红黏土在不同固结比下的临界状态线的斜率 M = 1.03 和内摩擦角 φ' = 26.1°。

第3章

不同应力路径下饱和红黏土的静力特性

随着应力路径概念的提出，经过几十年的发展，国内外学者针对不同类型的土体进行了大量的应力路径试验，得到了很多有价值的研究成果。例如，Callisto、Malanraki、Hird、Ng、刘祖德及孙岳崧等学者对不同类型的土体在不同排水条件及不同应力路径下进行了大量的静力路径试验，指出排水条件及应力路径的改变对土体的剪切强度及弹性模量等参数有着直接的影响。大量研究成果表明，不同固结比土体的力学性能有明显差异。如果不能对土体的应力历史做出准确的判断，会造成对土体由于其超固结比而引起的土体剪胀、软化等力学现象进行误判，给工程项目建设带来了较大的安全隐患。因此，全面合理地掌握不同固结比状态下土体的力学特性不仅具有理论意义，而且对建设成本的控制及工程事故的避免都有着重要的指导意义。

赣南红黏土具有高孔隙比、高液塑限、高收缩性等特点，在不同的应力历史和应力路径下，土体的力学性质有显著差异，尤其是在道路工程项目中，上层土体不同程度的开挖以及施工过程中各种工序的不确定性，造成了下层土体具有一定的超固结特性及土体应力路径的复杂性。本章旨在通过赣南饱和红黏土的静力特性试验，探讨排水条件、固结比及应力路径对红黏土的力学特性的响应，为后续的赣南饱和红黏土动力特性研究提供帮助。

本章主要由两部分内容组成，第一部分为在不排水条件下，利用 GDS 三轴仪对不同固结比饱和红黏土进行静力三轴剪切试验，探讨应力路径对不同固结比饱和红黏土的应力-应变特性及割线模量的影响；第二部分为在部分排水条件下，对不同固结比饱和红黏土进行静力三轴剪切试验，探讨应力路径的变化对不同固结比饱和红黏土的应力-应变特性及割线模量的影响。

3.1　试验方案

本章以不同固结比饱和红黏土为对象，在不同的排水条件和应力路径下，对其进行静力三轴剪切试验，以期揭示排水条件、固结比及应力路径对饱和红黏土应力-应变特性、割线模量的影响。

本章采用的应力路径如图 3-1 所示，针对不同固结比饱和红黏土进行静力三轴剪切试验，其应力路径斜率分别为-1.0、-1/3、0、1/3、1。不同固结比饱和红黏土试样的制作和饱和见第 2 章，在此不再赘述。饱和红黏土的静力三轴剪切试验方案如表 3-1 所示，从表中可以看出，饱和红黏土的超固结比分别为 $P_{OCR}=1.0$、2.0、3.0、4.0 时，在不同条件下对其进行静力三轴剪切试验，其中不排水试验和部分排水试验各 16 组，试验加载速率均为 $\Delta s=0.1\ \mathrm{mm/min}$，当饱和红黏土试样的轴向应变 ε_a 达到 25% 时终止试验。

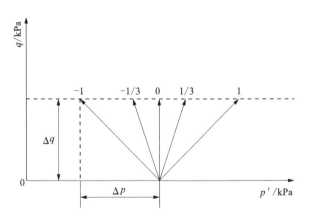

图 3-1　不同固结比饱和红黏土的应力路径示意图

表 3-1　静力三轴剪切试验方案

排水方式	初始固结围压 p'_{oc}/kPa	最终固结围压 p'_o/kPa	超固结比 P_{OCR}	应力路径斜率 η
不排水	75	75	1.0	−1.0, 0, 1
	150	75	2.0	−1.0, −1/3, 0, 1/3, 1
	225	75	3.0	−1.0, −1/3, 0, 1/3, 1.0
	300	75	4.0	−1.0, 0, 1.0
部分排水	75	75	1.0	−1.0, 0, 1.0
	150	75	2.0	−1.0, −1/3, 0, 1/3, 1.0
	225	75	3.0	−1.0, −1/3, 0, 1/3, 1.0
	300	75	4.0	−1.0, 0, 1.0

注：p'_{oc} 为初始固结围压，p'_o 为最终固结围压，P_{OCR} 为超固结比。

3.2　不排水条件下饱和红黏土的静力特性

3.2.1　变形特性

在不排水条件下，利用 GDS 动三轴试验系统，针对不同固结比饱和红黏土进行一系列静力三轴剪切试验，其应力路径和试样方案分别如图 3-1 和表 3-1 所示。当饱和红黏土试样的超固结比 $P_{OCR}=1.0$、4.0 时，对其应力路径斜率分别为 $\eta=-1.0$、0、1.0 共 3 组的试样进行静力三轴剪切试验，当饱和红黏土试样的超固结比 $P_{OCR}=2.0$、3.0 时，对其应力路径斜率分别为 $\eta=-1.0$、−1/3、0、1/3、1.0 共 5 组的试样进行静力三轴剪切试验，共计 16 组。

图 3-2 为在不排水条件下根据试验结果得到的偏应力 $q'=\sigma_1-\sigma_3$ 随轴向应变 ε_a 变化的变化曲线。从图中可以看出，当轴向应变 ε_a 较小时，虽然固结比不同，其偏应力发展迅速，且随着轴向应变 ε_a 的增大，应力-应变关系曲线随着固结比和应力路径的变化有明显区别；当饱和红黏土的超固结比 $P_{OCR}=1.0$、2.0 时，随着轴向应变 ε_a 的增大，其偏应力增长迅速并快速达到峰值；随着轴向应变 ε_a 的进一步增大，其偏应力逐渐减小，应力-应变关系曲线表现为应变

软化型；对于超固结比 P_{OCR}＝3.0、4.0 的饱和红黏土，其偏应力达到峰值后，随着轴向应变 ε_a 的进一步增大。当 η＝-1/3、-1.0、0 时，其应力-应变关系曲线表现为应变软化型；而当 η＝1/3、1.0 时，其曲线发展表现为应变稳定型。

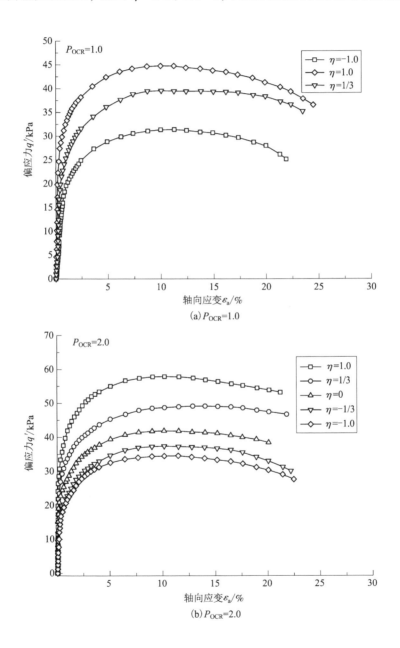

(a) P_{OCR}＝1.0

(b) P_{OCR}＝2.0

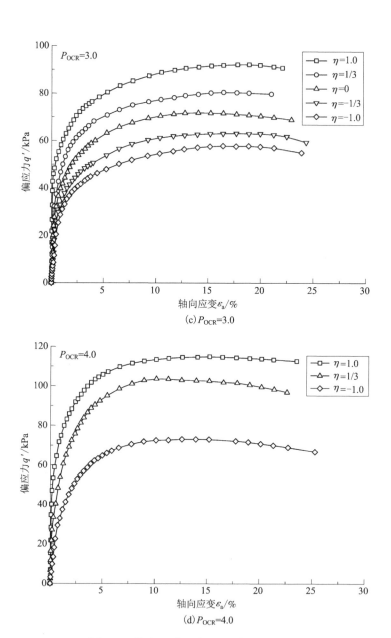

图 3-2 饱和红黏土应力–应变关系曲线

从图 3-2 中不同固结比的应力–应变关系曲线来看，在轴向应变 ε_a<2.5% 的试验加载开始阶段，偏应力基本呈直线快速增长，但随着轴向应变的增大，

当 ε_a>2.5%时,应力-应变的非线性关系越趋明显,可在此基础上确定不同固结比饱和红黏土试样在不同应力路径下的不排水抗剪强度 q_f。对图 3-2(a)~(d)进行对比分析可知,超固结比 P_{OCR} 和应力路径斜率 η 的变化对饱和红黏土的偏应力峰值影响显著,导致了对应的土样的不排水抗剪强度值 q_f 变化较大,其值如表 3-2 所示。

表 3-2　不排水抗剪强度值

超固结比 P_{OCR}	应力路径斜率 η	q_f/kPa	Δq_f/kPa
1.0	−1.0	31.4	13.4
	1/3	39.2	
	1.0	44.8	
2.0	−1.0	34.6	27.7
	−1/3	37.4	
	0	41.9	
	1/3	49.2	
	1.0	62.3	
3.0	−1.0	57.6	34.3
	−1/3	63.1	
	0	71.7	
	1/3	80.5	
	1.0	91.9	
4.0	−1.0	71.3	43.9
	1/3	103.7	
	1.0	115.2	

　　由表 3-2 中可见:当 P_{OCR}=1.0 时,应力路径斜率 η=−1.0 和 η=1.0 所对应的 q_f 降低了 29.9%;当 P_{OCR}=2.0 时,应力路径斜率 η=−1.0 和 η=1.0 所对应的 q_f 降低了 32.6%;当 P_{OCR}=3.0 时,应力路径斜率 η=−1.0 和 η=1.0 所对应的 q_f 降低了 37.1%;当 P_{OCR}=4.0 时,应力路径斜率 η=−1.0 和 η=1.0 所对应的 q_f 降低了 38.1%。在相同的应力路径斜率 η 下,饱和红黏土的 q_f 随着

P_{OCR} 的增加而增大。可见，本书所用的饱和红黏土的不排水抗剪强度值 q_f 受应力路径斜率 η 和 P_{OCR} 的影响较大。根据上述试验成果，通过曲线拟合，建立了不同固结比对饱和红黏土的不排水抗剪强度值 q_f 与超固结比 P_{OCR} 的关系表达式：

$$q_f = a \cdot P_{OCR}^2 + b \cdot P_{OCR} + c \tag{3-1}$$

式中：参数 a、b 和 c 为与应力路径斜率 η 有关的拟合参数。

不同应力路径斜率下的不排水抗剪强度 q_f 与超固结比 P_{OCR} 的关系曲线如图 3-3 所示，其拟合参数如表 3-3 所示。拟合参数 a、b 和 c 与应力路径斜率 η 的拟合关系曲线如图 3-4 所示，建立的拟合参数 a、b 和 c 与应力路径斜率 η 的拟合关系如下：

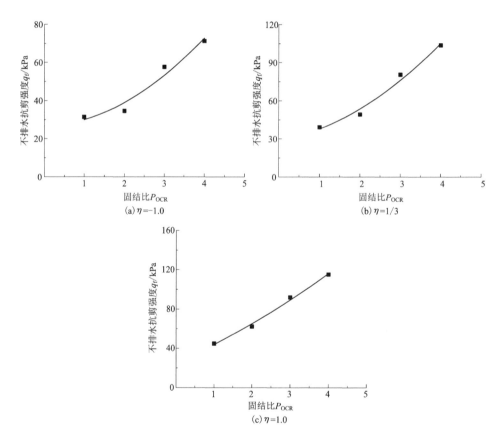

图3-3 不同应力路径斜率 η 下 q_f 与 P_{OCR} 的关系曲线

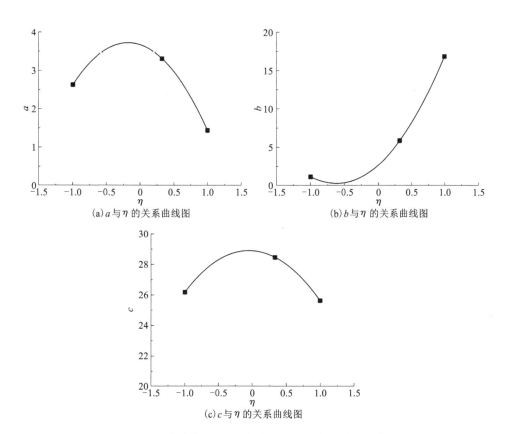

(a) a 与 η 的关系曲线图

(b) b 与 η 的关系曲线图

(c) c 与 η 的关系曲线图

图 3-4 拟合参数 a、b、c 与应力路径斜率 η 的关系曲线

$$a = -1.64\eta^2 - 0.59\eta + 3.68 \qquad (3-2)$$
$$b = 6.32\eta^2 + 7.84\eta + 2.67 \qquad (3-3)$$
$$c = -2.97\eta^2 - 0.28\eta + 28.87 \qquad (3-4)$$

将式(3-2)、式(3-3)、式(3-4)代入式(3-1)，得到考虑应力路径斜率 η 与超固结比 P_{OCR} 耦合作用下的饱和红黏土的不排水抗剪强度经验公式：

$$q_f = (-1.64\eta^2 - 0.59\eta + 3.68) \times P_{OCR}^2 + (6.32\eta^2 + 7.84\eta + 2.67) \times P_{OCR} - (2.97\eta^2 + 0.28\eta - 28.87) \qquad (3-5)$$

表 3-3　拟合参数

η	a	b	c
-1.0	2.63	1.15	26.18
1/3	3.3	5.98	28.45
1.0	1.45	16.83	25.60

3.2.2　孔压发展规律

在常围压和变围压应力路径下分别对不同固结比饱和红黏土进行不排水静力三轴剪切试验，其孔压-应变关系的试验曲线如图 3-5 所示。从图中可以看出，当应力路径斜率 $\eta=0$、1/3、1.0 时，随着轴向应变 ε_a 的持续增长，试样表现为减缩破坏形式。而当应力路径斜率 $\eta=-1/3$、-1.0 时，随着轴向应变 ε_a 的持续增长，试样表现为剪胀破坏形式。同时，当应力路径斜率相同时，不同固结比饱和红黏土的孔压发展规律基本类似；而在超固结比 P_{OCR} 相同的情况下，应力路径斜率对饱和红黏土的孔压发展规律的影响显著。当应力路径斜率 $\eta=0$、1/3、1.0 时，其孔压始终为正值；而当应力路径斜率 $\eta=-1/3$、-1.0 时，所对应的孔压始终为负值。根据饱和红黏土孔压响应曲线，将孔压随轴向应变变化的发展曲线分为三个阶段：当 $\varepsilon_a<2\%$ 时为线性阶段，总应力主要由孔隙水压力承担，孔隙水压力 u 急剧增大，轴向应变 ε_a 增长缓慢，孔隙水压力 u 随轴线应变 ε_a 呈线性关系；当 $2\%<\varepsilon_a<10\%$ 时为非线性阶段，随着部分土体发生剪切破坏，孔隙水压力 u 增长幅值趋缓，轴向应变 ε_a 增长加快，孔隙水压力 u 随轴线应变 ε_a 呈非线性关系；当 $\varepsilon_a>10\%$ 时为屈服阶段，此时，土体基本表现为整体剪切屈服，孔隙水压力 u 随着轴向应变 ε_a 的持续增长而逐渐趋于稳定状态。与 $P_{OCR}=1.0$ 相比，$P_{OCR}=4.0$ 的饱和红黏土具有密实度较大、抗剪强度较高等特点。将 $P_{OCR}=1.0$ 和 $P_{OCR}=4.0$ 的饱和红黏土的孔压发展规律进行对比：在剪切试验初期阶段，随着超固结比 P_{OCR} 的增大，其孔压发展速率减小，孔压-应变关系曲线逐渐变缓，孔压峰值所对应的轴向应变 ε_a 也逐渐增大。

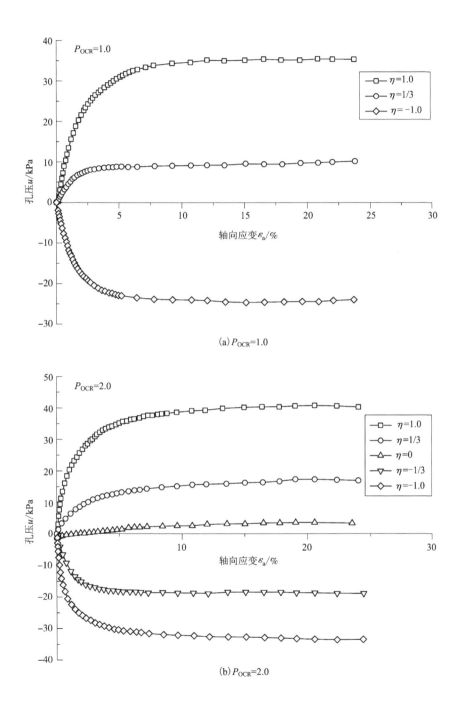

(a) $P_{\text{OCR}}=1.0$

(b) $P_{\text{OCR}}=2.0$

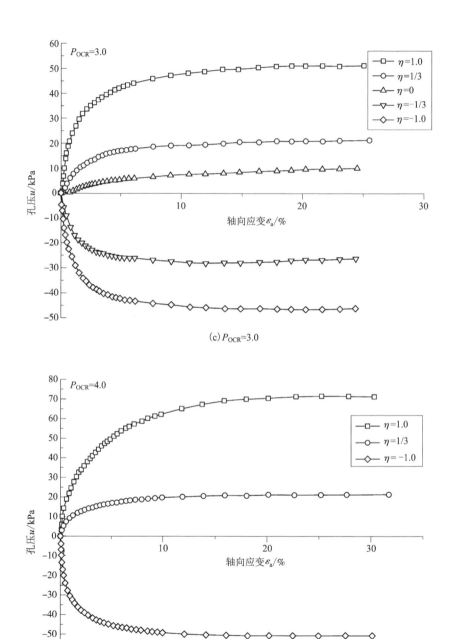

(c) $P_{OCR}=3.0$

(d) $P_{OCR}=4.0$

图 3-5　不排水条件下不同固结比所对应的孔压-应变关系曲线

从图 3-5(a)~(d)的比较可见，应力路径斜率 η 对不同固结比饱和红黏土的孔隙水压力峰值 u 有显著影响，其峰值如表 3-4 所示。从表中可以看出：将 $P_{OCR}=4.0$ 与 $P_{OCR}=1.0$ 的空隙水压峰值进行对比，当应力路径斜率 $\eta=1.0$ 时，其峰值增长幅值分别为 15.54%、25.36%、39.27%；当应力路径斜率 $\eta=1/3$ 时，其峰值增长幅值分别为 26.2%、23.87%、34.21%；当应力路径斜率 $\eta=-1.0$ 时，其峰值增长幅值分别为 15.78%、24.22%、21.87%。可见，超固结比 P_{OCR} 能加速饱和红黏土孔压峰值的增长。

表 3-4　饱和红黏土孔隙水压力峰值

超固结比 P_{OCR}	应力路径斜率 η	孔隙水压力峰值 u/kPa
	−1.0	−28.96
1.0	1/3	10.19
	1.0	35.32
	−1.0	−33.53
	−1/3	−18.87
2.0	0	3.65
	1/3	12.86
	1.0	40.81
	−1.0	−41.65
	−1/3	−28.01
3.0	0	10.06
	1/3	15.93
	1.0	51.16
	−1.0	−50.76
4.0	1/3	21.38
	1.0	71.25

3.2.3　有效应力路径

分别对正常固结比与超固结饱和红黏土进行不排水静力三轴剪切试验，其有效应力路径试验结果如图 3-6 所示。对图 3-6(a)~(d)进行对比分析，可以

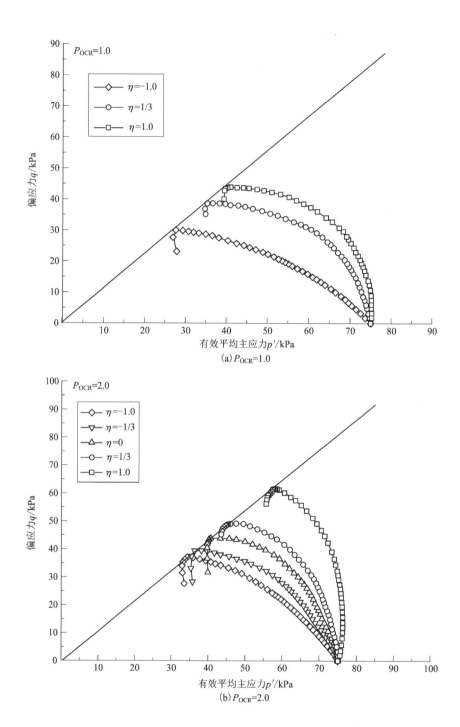

(a) P_{OCR}=1.0

(b) P_{OCR}=2.0

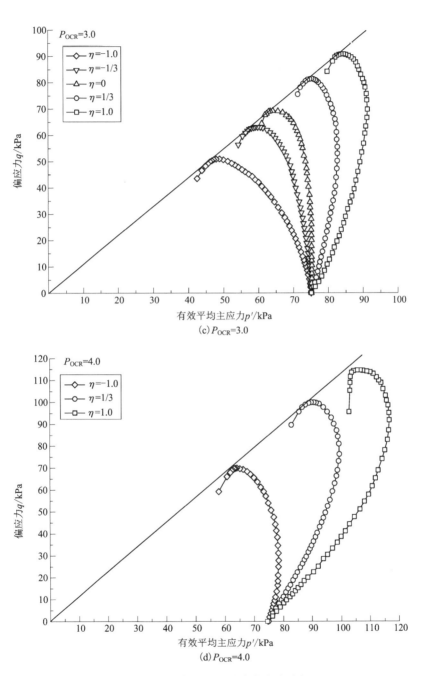

(c) $P_{OCR}=3.0$

(d) $P_{OCR}=4.0$

图 3-6　不同超固结比的有效应力路径

看出：不管超固结比 P_{OCR} 和应力路径斜率 η 如何变化，饱和红黏土试样的有效应力路径均表现为达到不排水抗剪强度 q_f 之后不再发展的特点；当超固结比 P_{OCR} 相同时，应力路径斜率 η 不同，其有效应力路径和偏应力峰值有明显区别，但其破坏点的连线为一条通过原点的直线，具有相同的强度破坏线，说明当超固结比 P_{OCR} 相同时，饱和红黏土的有效应力强度指标黏聚力 c' 和内摩擦角 φ' 相同。

图 3-7 为不同超固结比饱和红黏土在不同应力路径下的有效应力路径发展曲线。虽然各条有效应力路径所对应的超固结比 P_{OCR} 和应力路径斜率 η 不同，且偏应力峰值有明显区别，但其偏应力峰值的连线为一条经过原点的直线。可见，应力路径斜率 η 和超固结比 P_{OCR} 不同时，其有效应力发展路径有显著差异，但土体的临界状态线 CSL 和有效应力强度指标黏聚力 c' 和内摩擦角 φ' 相同。

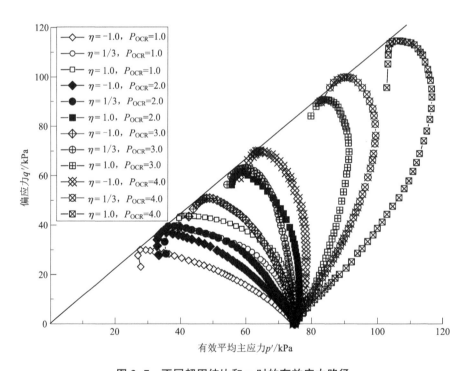

图 3-7　不同超固结比和 η 时的有效应力路径

3.2.4　割线模量

在不排水条件下,不同超固结比 P_{OCR} 饱和红黏土的割线模量 E_i 与应力路径斜率 η 之间的关系如图 3-8 所示。可见,当应力路径斜率 η 相同时,割线模量 E_i 随着超固结比 P_{OCR} 的增大而逐渐增大;当应力路径斜率 $\eta = -1/3$、-1.0 时,斜率 η 越小,则割线模量 E_i 越小;当应力路径斜率 $\eta = 1/3$、1.0 时,斜率 η 越大,则割线模量 E_i 越大;当超固结比 P_{OCR} 相同时,割线模量 E_i 随着应力路径斜率 η 的增大呈线性发展,且各条割线模量发展曲线之间基本呈平行关系,说明应力历史会改变饱和红黏土割线模量的大小,但对其变化规律的影响较小。最后,对其数据进行拟合,得到不同超固结比 P_{OCR} 条件下,割线模量 E_i 与应力路径斜率 η 的关系如下:

$$E_i = 0.85\eta + 3.64 \quad (P_{OCR} = 1.0) \tag{3-6}$$

$$E_i = 1.57\eta + 4.36 \quad (P_{OCR} = 2.0) \tag{3-7}$$

$$E_i = 0.95\eta + 4.71 \quad (P_{OCR} = 3.0) \tag{3-8}$$

$$E_i = 1.64\eta + 7.33 \quad (P_{OCR} = 4.0) \tag{3-9}$$

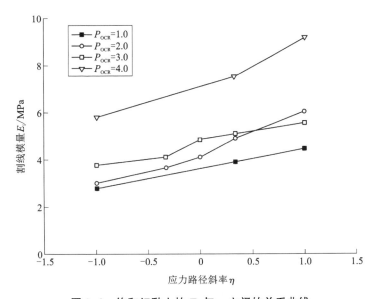

图 3-8　饱和红黏土的 E_i 与 η 之间的关系曲线

3.3　部分排水条件下饱和红黏土的静力特性

部分排水是指土体介于不排水与完全排水之间的状态时，孔隙水一边排出，孔隙水压力一边累积。在实际工程中，不管是静力荷载还是动力荷载，由于没有足够的时间使得土中孔隙水完全排出，孔隙水压力保持不变，土体本身也都存在一定的排水路径；在交通循环荷载作用下，由于持续时间较长，土体会通过排水路径排出一部分孔隙水。另外，由于饱和红黏土具有低渗透性的特点，其在外荷载作用下的排水时间较长，在开始阶段，无论所受的加载类型及载荷大小，基本上都没有足够的时间将土中孔隙水完全排出。因此，需要在部分排水条件下对饱和红黏土进行室内模拟试验。Sekiguchi 等及 Asaoka 等在部分排水条件下对饱和黏性土进行了静力特性试验研究，认为排水能够提高饱和土体的强度和刚度。Sun 等对饱和软土进行了部分排水静力特性试验研究，探讨应力路径对土体的强度、弹性模量的影响及应力–应变关系曲线的发展规律。但是还鲜有学者在部分排水条件下针对饱和红黏土进行静力特性研究，本章将进一步研究部分排水条件下饱和红黏土的静力特性。

3.3.1　变形特性

根据表 3–1 所示的不同固结比饱和红黏土的静力三轴剪切试验方案，对不同固结比饱和红黏土进行部分排水静力三轴剪切试验；然后根据其试验结果，绘制出如图 3–9 所示的应力–应变关系曲线。对图 3–9 中的各应力–应变关系曲线进行对比分析：当 $P_{OCR}=1.0$，应力路径斜率 $\eta=-1.0$、$1/3$、1.0 时，所对应的偏应力峰值点分别 $(q', \varepsilon_a) = (17.3\ \text{kPa}, 4.5\%)$、$(q', \varepsilon_a) = (42.5\ \text{kPa}, 7.2\%)$ 和 $(q', \varepsilon_a) = (65.5\ \text{kPa}, 13.1\%)$；而当 $P_{OCR}=4.0$，应力路径斜率 $\eta=-1.0$、$1/3$、1.0 时，所对应的偏应力峰值点分别为 $(q', \varepsilon_a) = (34.1\ \text{kPa}, 6.1\%)$、$(q', \varepsilon_a) = (62.7\ \text{kPa}, 14.1\%)$ 和 $(q', \varepsilon_a) = (145.1\ \text{kPa}, 15.6\%)$。可见，在超固结比 P_{OCR} 一定的情况下，随着应力路径斜率 η 的增大，偏应力峰值逐渐增大，且对应的轴向应变 ε_a 也随之增大。这表明本书所用的饱和红黏土压硬性更加明显，土体能够承受更大的荷载，承载能力强。

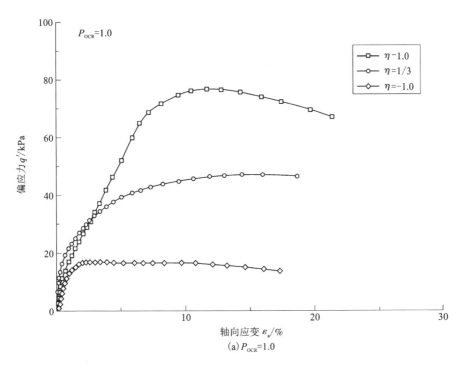

（a）$P_{OCR}=1.0$

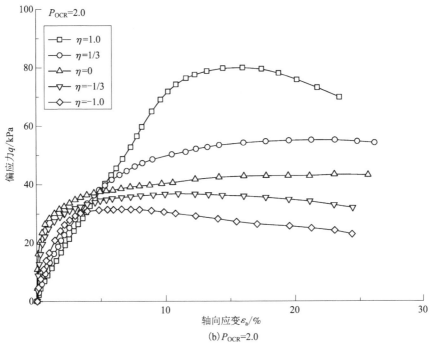

（b）$P_{OCR}=2.0$

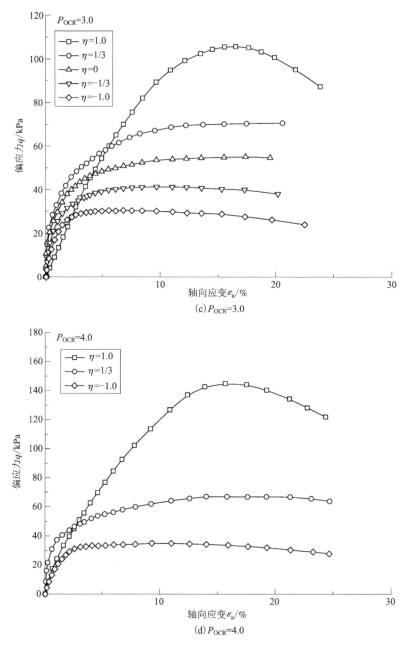

(c) $P_{OCR}=3.0$

(d) $P_{OCR}=4.0$

图3-9 不同固结比饱和红黏土在部分排水条件下应力-应变关系曲线图

图 3-10 为饱和红黏土在不同排水条件下的应力-应变关系对比。可见，超

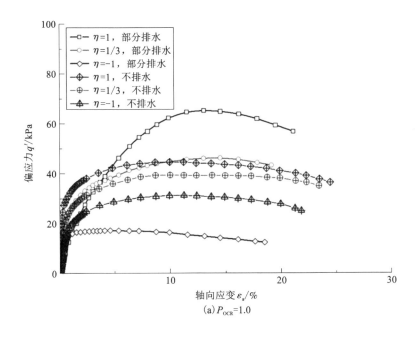

(a) $P_{OCR}=1.0$

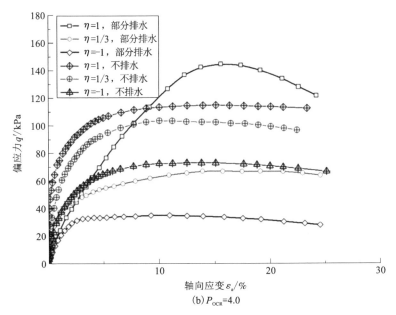

(b) $P_{OCR}=4.0$

图 3-10　饱和红黏土在不同排水条件下的应力-应变关系对比（$P_{OCR}=1.0$、4.0）

固结比 P_{OCR} 不同，当应力路径斜率 $\eta=-1.0$ 时，随着孔隙水的排出，饱和红黏土达到偏应力峰值时所对应的轴向应变 ε_a 小于不排水条件下饱和红黏土对应的轴向应变 ε_a；而应力路径斜率 $\eta=1.0$ 时，随着孔隙水的排出，饱和红黏土达到偏应力峰值时所对应的轴向应变 ε_a 大于不排水条件下饱和红黏土对应的轴向应变 ε_a。当 $P_{OCR}=1.0$ 时，不排水和部分排水饱和红黏土达到偏应力峰值时应力路径斜率 $\eta=-1.0$、$\eta=1.0$ 所对应的轴向应变 ε_a 分别为 9.8%、11.3%、4.6% 与 13.1%，差值分别为 1.5% 和 8.5%。当 $P_{OCR}=4.0$ 时，应力路径斜率 $\eta=-1.0$ 和 $\eta=1.0$ 所对应的轴向应变 ε_a 分别为 12.6%、15.2% 和 3.8%、16.5%，差值分别为 2.6% 和 12.7%。可见，超固结比 P_{OCR} 对不同排水条件下饱和红黏土达到偏应力峰值时所对应的轴向应变 ε_a 变化规律的影响较小，但应力路径斜率对不同排水条件下饱和红黏土达到偏应力峰值时所对应的轴向应变 ε_a 变化规律的影响显著，均表现为随着应力路径斜率的增大，饱和红黏土达到偏应力峰值时所对应的轴向应变 ε_a 增长幅值显著增长。对比图 3-10 中各条应力-应变关系曲线的发展规律，发现部分排水条件下 $\eta=1.0$ 时对应的应力-应变关系曲线的发展规律与其他条件下的应力-应变关系曲线的发展规律有明显区别。部分排水条件下，不同超固结比 P_{OCR} 饱和红黏土 $\eta=1.0$ 时对应的应力-应变关系曲线在轴向应变 $\varepsilon_a=10\%\sim20\%$ 达到偏应力峰值，并由应力硬化型转变为应力软化型。不同超固结比 P_{OCR} 饱和红黏土 $\eta=-1.0$、$1/3$ 时对应的应力-应变关系曲线在轴向应变 $\varepsilon_a=2\%\sim5\%$ 达到偏应力峰值。因此，在部分排水条件下，对于不同固结比饱和红黏土，需在不同应力路径下建立相应的应变破坏范围。应力路径斜率 $\eta=-1.0$、$1/3$ 时，应变破坏范围为 $2\%\sim5\%$；应力路径斜率 $\eta=1.0$ 时，应变破坏范围为 $10\%\sim20\%$。

3.3.2　永久体应变

按照图 3-1 的应力路径和表 3-1 的试验方案进行部分排水条件下不同固结比的静力三轴剪切试验，得到的体应变-轴向应变关系曲线如图 3-11 所示。

可见，当应力路径斜率 $\eta=1/3$、1.0 时，虽然超固结比 P_{OCR} 不同，但试样均表现为体积压缩现象。当轴向应变 $\varepsilon_a<5\%$ 时，体应变 ε_v 随轴向应变 ε_a 的增加基本呈线性发展，随着轴向应变 ε_a 的增大，体应变的发展速率逐渐变缓，其发展曲线呈非线性；随着超固结比 P_{OCR} 的增大，体应变逐渐减小，其主要原因

是随着试样超固结比 P_{OCR} 的增大, 试样所对应的体积模量在相应增长。当应力路径斜率 $\eta = -1/3$、-1.0 时, 随着超固结比 P_{OCR} 的增大, 所对应的负体应变的绝对值逐渐增大, 且随着试样发生屈服, 呈现为剪胀现象。

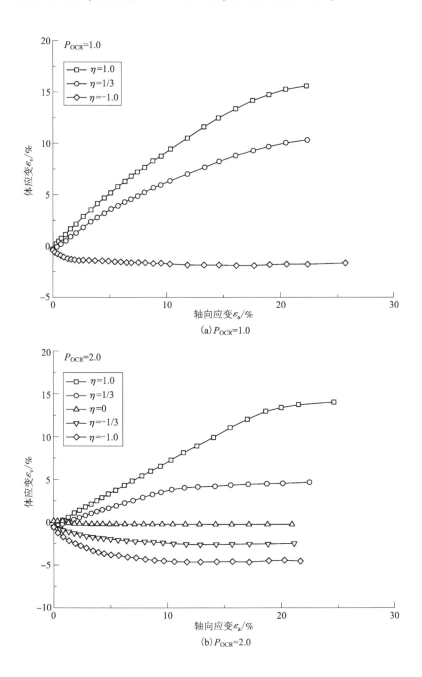

(a) $P_{OCR}=1.0$

(b) $P_{OCR}=2.0$

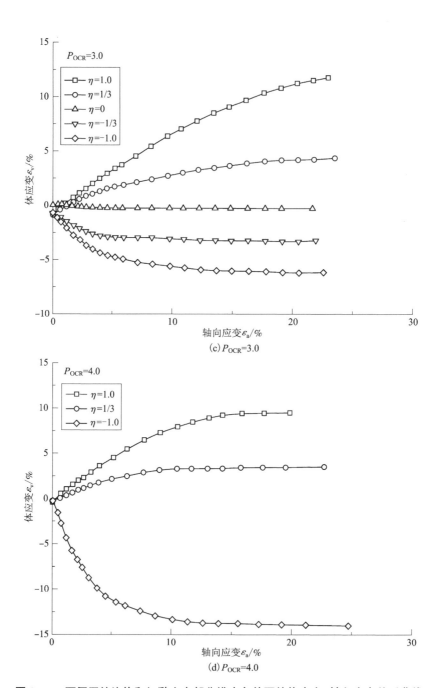

图 3-11　不同固结比饱和红黏土在部分排水条件下的体应力-轴向应变关系曲线

3.3.3　排水剪切强度

图 3-12 为部分排水条件下不同超固结比饱和红黏土的应力-应变发展曲线。可见，当应力路径斜率 $\eta = 1/3$、1.0 时，饱和红黏土的偏应力峰值随着超固结比 P_{OCR} 的增大而逐渐增大。例如，当应力路径斜率 $\eta = 1.0$ 时，对于 $P_{OCR} = 1.0$ 的饱和红黏土，土体在轴向应变 ε_a 为 12% 左右时达到偏应力峰值 65.5 kPa，而当饱和红黏土的 $P_{OCR} = 4.0$ 时，土体在轴向应变 ε_a 约为 15% 时达到偏应力峰值 144.8 kPa；随着超固结比 P_{OCR} 的增大，饱和红黏土的偏应力峰值也增大，但达到偏应力峰值时所对应的轴向应变 ε_a 也增大。其主要原因是随着超固结比 P_{OCR} 的增大及孔隙水的排出，土体的体应变 ε_v 和轴向应变 ε_a 增大，导致抗剪强度提高，呈剪缩破坏现象。当超固结比 P_{OCR} 相同时，应力路径斜率 $\eta = -1$ 的土体偏应力强度 q' 与前两种类型相比，有大幅度的降低，其主要原因是由于围压的减小，土体可能存在吸水现象，导致抗剪强度降低，呈剪胀破坏现象。

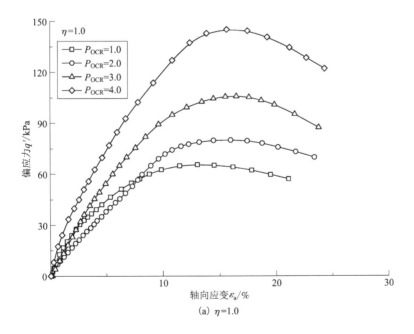

(a) $\eta = 1.0$

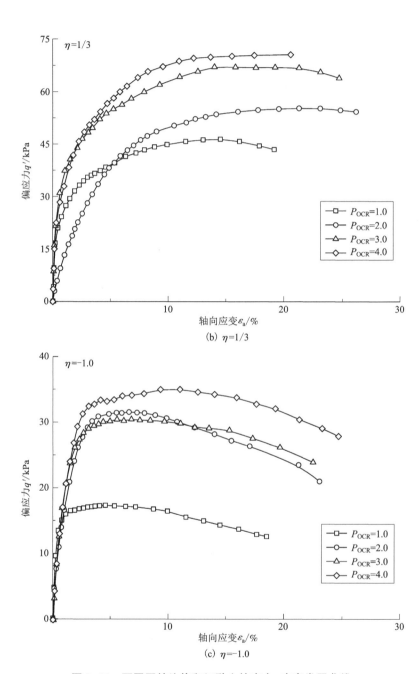

图 3-12　不同固结比饱和红黏土的应力-应变发展曲线

3.3.4　割线模量

图 3 13 为在部分排水条件下，饱和红黏土随着超固结比 P_{OCR} 的变化，其割线模量 E_i 随应力路径斜率 η 的响应。对比图 3-13 与图 3-8 可知，排水条件对割线模量的发展规律影响较小，均表现为割线模量随着应力路径斜率 η 的增大呈线性增长趋势；当超固结比 P_{OCR} 一定时，应力路径斜率 $\eta=-1.0$、$-1/3$、0、$1/3$、1.0 对应的割线模量 E_i 的连线基本为一条直线，改变饱和红黏土的固结比 P_{OCR} 可发现各割线模量 E_i 连成的线基本为平行关系，说明超固结比 P_{OCR} 只能改变割线模量 E_i 的大小，不能改变割线模型模量 E_i 的发展规律；在超固结比 P_{OCR} 及应力路径斜率 η 等因素相同的情况下，由于孔隙水的排出，土体密实度及有效应力增大，变形增加，导致部分排水条件下的割线模量 E_i 小于不排水条件下对应的 E_i。

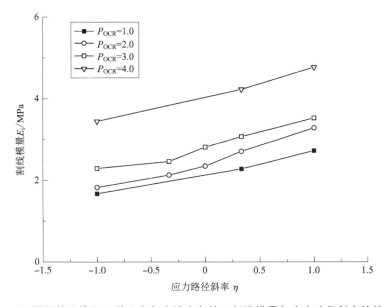

图 3-13　不同固结比饱和红黏土在部分排水条件下割线模量与应力路径斜率的关系曲线

3.4　本章小结

本章在不同排水条件下，对不同固结比饱和红黏土进行了一系列静力三轴剪切试验，探讨了排水条件和应力路径对饱和红黏土的应力-应变特性及割线模量等方面的影响，得到以下结论。

(1)部分排水条件下，不同超固结比饱和红黏土在变围压应力路径下的应力-应变关系曲线的发展规律在轴向应变 $\varepsilon_a = 10\% \sim 20\%$ 时达到偏应力峰值，应变-应变关系曲线由应力硬化型转变为应力软化型。根据不同固结比饱和红黏土在不同应力路径下的应力-应变关系曲线的发展规律，赣南红黏土可针对不同的应力路径建立相应的应变破坏范围，当应力路径斜率 $\eta = -1.0$、$1/3$ 时对应的应变破坏范围为 $2\% \sim 5\%$，当应力路径斜率 $\eta = 1.0$ 时对应的应变破坏范围为 $10\% \sim 20\%$。

(2)考虑超固结比 P_{OCR} 和应力路径斜率 η 耦合作用对饱和红黏土的影响，建立不排水抗剪强度公式，对不同应力历史、不同围压和不同应力路径下的饱和红黏土经过多次循环加载后的抗剪强度进行预测。

(3)不同超固结比 P_{OCR} 的饱和红黏土在不排水条件下，其破坏形式受应力路径斜率 η 的影响显著。当应力路径斜率 $\eta = 0$、$1/3$、1.0 时，试样表现为剪缩破坏形式；而当应力路径斜率 $\eta = -1/3$、-1.0 时，试样表现为剪胀破坏形式。

(4)在不排水条件下，不管超固结比 P_{OCR} 和应力路径斜率 η 如何变化，饱和红黏土试样的有效应力路径均表现为达到不排水抗剪强度 q_f 之后不再发展的特点；虽然应力路径斜率 η 和超固结比 P_{OCR} 不同，其有效应力-应变关系曲线的发展规律有显著差异，但土体的临界状态线 CSL、有效应力强度指标黏聚力 c' 和内摩擦角 φ' 相同。

(5)在不同排水条件下，超固结比 P_{OCR} 和应力路径斜率 η 对割线模量 E_i 大小的影响显著，但对饱和红黏土的割线模量 E_i 的发展规律的影响较小。割线模量 E_i 随着应力路径斜率 η 的增大呈线性增长，且各条割线模量的发展曲线之间基本为平行关系。

第4章

不同应力路径下饱和红黏土的不排水动力特性

为了更全面地了解饱和红黏土由交通循环荷载作用引起的真实受力状态，需要对饱和红黏土进行动力特性研究。本章拟对饱和红黏土进行不排水交通循环荷载试验，分析其动力特性，以丰富相关的理论研究，为交通工程基础设施的建设提供理论支撑。通过饱和红黏土不排水单向循环加载试验，探讨超固结比 P_{OCR}、循环应力比 I_{CSR} 及应力路径斜率 η 等参数对饱和红黏土孔隙发展规律、动力特性及回弹模量等的影响，深入了解饱和红黏土在真实工况下的动力特性，为后期动本构模型的建立提供理论支撑。

4.1 试验方案

Rondon 等采用相同的平均应力状态，对大量的饱和松散颗粒材料进行了一系列不同应力路径试验，包括常围压（constant confining compressive stress path，CCP）应力路径和变围压（variable confining compressive stress path，VCP）应力路径，其具体的试验方案如图 4-1 所示。

从图 4-1 中可知，循环偏应力幅值 q^{ampl}、平均主应力 q^{av} 及平均偏应力 p^{av} 相等，而初始应力状态和循环主应力幅值 p^{ampl} 不同。此类试验主要是针对基层与面层直接接触、基层埋置深度较浅、围压很小的受力状态，其可以直接用主应力状态来表示。对于该土体状态，由于土体所受的围压很小，在试验过程中只需先对试样进行饱和操作，待饱和完成后直接进行循环荷载动力试验。采用此方式进行不同的应力路径试验时，主要核心内容是中间应力状态而非初始应

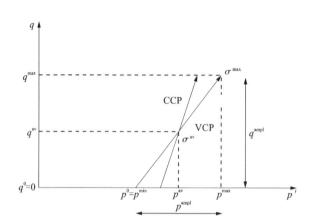

图 4-1　Rondon 等试验采用的 VCP 和 CCP 应力路径

力状态。基层以下的土体路基的受力状态则完全不同，当土体由于埋置深度较大，存在初始有效固结孔压、初始孔压等初始应力状态时，为了更好地模拟土体在实际工程中的真实受力状态，需按图 4-2 所示的应力路径在室内进行单向循环加载试验，探讨应力路径对饱和红黏土的动强度、变形特性及孔压发展规律。

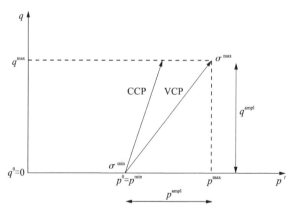

图 4-2　本书试验采用的 VCP 和 CCP 应力路径

　　本章拟在不排水条件下对饱和红黏土进行室内模拟试验，探讨超固结比 P_{OCR} 及循环应力比 I_{CSR} 对饱和红黏土动力特性的影响。在 GDS 动三轴试验系统中输入自定义波形，对试样施加循环偏应力和循环围压，其加载波形如图 4-3 所示。为保证试样处于不排水状态，在整个试验过程中关闭排水阀门，采用 $\Delta s =$ 0.1 mm/min 的加载速率对试样进行正半弦波加载。在试样制作过程中，首先对试样进行反压饱和 24 h，然后采用 B 值对试样的饱和度进行检测，保证 B 值大于 0.98；为了保证试样能够实现完全饱和，还用最终固结围压值对试样进行各向同性固结，根据其最终固结围压值 75 kPa、150 kPa、300 kPa，采用的固结时间分别为 24 h、36 h、56 h，当试样的排水速度不超过 60 mm³/h 时，认为试样达到固结要求；最后，对不同固结比试样进行了 10000 圈单向循环加载，试验方案如表 4-1 所示。

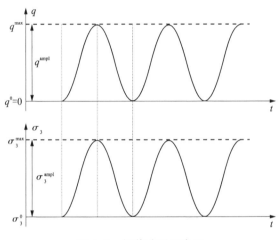

图 4-3　加载波形示意图

单向循环加载波形中，水平循环荷载和轴向循环荷载均为压缩波，两者具有相同的相位差和振动频率，如图 4-3 所示。循环偏应力 q^{cyc} 和循环围压 σ_3^{cyc} 分别如下式所示：

$$q^{\text{cyc}} = 2q^{\text{ampl}} \left| \frac{1}{2} + \frac{1}{2}\sin\left(\omega t - \frac{\pi}{2}\right) \right| \tag{4-1}$$

$$\sigma_3^{\text{cyc}} = 2\sigma_3^{\text{ampl}} \left| \frac{1}{2} + \frac{1}{2}\sin\left(\omega t - \frac{\pi}{2}\right) \right| \tag{4-2}$$

式中：q^{ampl} 为循环偏应力幅值；σ_3^{ampl} 为循环围压幅值。

表 4-1　不排水条件下饱和红黏土单向循环加载试验方案

试样编号	超固结比 P_{OCR}	初始固结围压 p'_{oc}/kPa	最终固结围压 p'_{o}/kPa	循环主应力幅值 p^{ampl}/kPa	循环偏应力幅值 q^{ampl}/kPa	斜率 η^{ampl}	循环应力比 I_{CSR}	围压类型	循环次数 N/圈
ZX-1	1.0	75.0	75.0	4.0	12.0	1/3	0.306	CCP	10000
ZX-2	1.0	75.0	75.0	6.0	12.0	1/2	0.306	VCP	10000
ZX-3	1.0	75.0	75.0	12.0	12.0	1.0	0.306	VCP	10000
ZX-4	1.0	75.0	75.0	7.0	21.0	1/3	0.536	CCP	10000
ZX-5	1.0	75.0	75.0	10.5	21.0	1/2	0.536	VCP	10000
ZX-6	1.0	75.0	75.0	21.0	21.0	1.0	0.536	VCP	10000
ZX-7	1.0	75.0	75.0	8.0	24.0	1/3	0.612	CCP	10000
ZX-8	1.0	75.0	75.0	12.0	24.0	1/2	0.612	VCP	10000
ZX-9	1.0	75.0	75.0	24.0	24.0	1.0	0.612	VCP	10000
ZX-10	2.0	75.0	150.0	8.8	26.4	1/3	0.536	CCP	10000
ZX-11	2.0	75.0	150.0	13.2	26.4	1/2	0.536	VCP	10000
ZX-12	2.0	75.0	150.0	26.4	26.4	1.0	0.536	VCP	10000
ZX-13	4.0	75.0	300.0	18.5	55.6	1/3	0.536	CCP	10000
ZX-14	4.0	75.0	300.0	27.8	55.6	1/2	0.536	VCP	10000
ZX-15	4.0	75.0	300.0	55.6	55.6	1.0	0.536	VCP	10000

在单向循环加载试验中，对试样施加 σ_1^{ampl} 和 σ_3^{ampl}，一般用 $p'-q$ 平面表示土体在单向循环荷载作用下的应力路径，其中 p' 为平均主应力，q 为广义偏应力。在 $p'-q$ 平面中，应力路径斜率定义如下：

$$q^{ampl} = \sigma_1^{ampl} - \sigma_3^{ampl} \tag{4-3}$$

$$p^{ampl} = \frac{1}{3}(\sigma_1^{ampl} + 2\sigma_3^{ampl}) \tag{4-4}$$

$$\eta^{ampl} = \frac{p^{ampl}}{q^{ampl}} \tag{4-5}$$

将式(4-3)、式(4-4)和式(4-5)整理得：

$$\eta^{ampl} = \frac{1}{3} + \frac{\sigma_3^{ampl}}{q^{ampl}} \tag{4-6}$$

由式(4-6)可知，当 $\sigma_3^{ampl} = 0$ 时，即循环围压幅值为 0 时，所对应的 $\eta^{ampl} = 1/3$，为恒定围压；通过调整 σ_3^{ampl} 值来设定应力路径斜率 η^{ampl} 值。

本章试验方案的应力路径斜率 η^{ampl} 为 1/3、1/2、1.0，超固结比 P_{OCR} 为 1.0、2.0、4.0；采用循环应力比 I_{CSR} 衡量循环动应力水平。循环应力比 I_{CSR} 定义如下：

$$I_{CSR} = \frac{q^{ampl}}{q_f} \tag{4-7}$$

式中：q^{ampl} 为循环偏应力幅值；q_f 为不排水抗剪强度值。

本章定义的回弹模量 M_r 如下：

$$M_r = \frac{q^{ampl}}{\varepsilon_a^r} \tag{4-8}$$

式中：ε_a^r 为回弹应变值，指某一圈的最大应变值与该圈结束时所对应的应变值之差，如图 1-4 所示；M_r 为土体抵抗竖向变形的能力。

从式(4-8)中可以看出，当交通循环荷载较小时，土体的竖向变形值小，此时其回弹模量 M_r 较大；在竖向变形相同的情况下，回弹模量 M_r 越大，表明其土体的承重能力越强。

4.2　应变和孔压发展规律

大量研究成果表明，与双向循环加载试验相比，饱和土体在单向循环加载作用下引起的孔隙水压力和永久轴向应变的发展规律更加显著。Hyde 等针对饱和土体在单向循环荷载作用下建立了孔压发展速率和轴向相应的累积速率公式：

$$\dot{\varepsilon} = at^{\lambda} \qquad (4-9)$$

$$\frac{\dot{u}}{p_0'} = bt^{\kappa} \qquad (4-10)$$

式(4-9)和式(4-10)可变形为下式：

$$\lg \dot{\varepsilon} = \lg a + \lambda \lg t \qquad (4-11)$$

$$\lg \left(\frac{\dot{u}}{p_0'} \right) = \lg b + \kappa \lg t \qquad (4-12)$$

式中：$\dot{\varepsilon}$ 为应变累积速度；$\dot{u}$ 为孔压发展速率；a 和 b 分别为某单位时间对应的应变累积速度和孔压发展速率的参数；λ 和 κ 分别为应变和孔压速率的衰减系数。

可见，应变累积速度 $\dot{\varepsilon}$、孔压发展速率 $\dot{u}$ 与时间 t 为对数线性关系。

4.2.1　孔压发展规律

在不同固结比条件下，为了对饱和红黏土在循环围压 σ_3^{ampl} 与循环偏应力幅值 q^{ampl} 耦合作用下的孔压发展规律进行研究，需先分别对循环围压 σ_3^{ampl} 与循环偏应力幅值 q^{ampl} 等参数对饱和红黏土的孔压发展规律的影响进行试验研究，然后分析它们各自对饱和红黏土的孔压发展规律的影响。有学者之前主要是针对砂类土或饱和软土等进行了动孔压研究，发现土体类型、饱和度及固结比等参数对孔压的发展规律有较大影响。谷川针对饱和软黏土孔压的发展规律进行了研究，得出变围压不会改变残余孔压的发展规律，但对瞬时孔压的发展规律影响显著的结论。基于以上研究结果，本节对不同固结比饱和红黏土瞬时孔压的发展规律进行试验研究。

为了便于对试验结果进行对比分析，图 4-4 仅对饱和红黏土最大孔压值 Δu_{max} 随循环加载次数 N 变化的规律进行描述。从图中可以看出，循环偏应力幅值 q^{ampl} 和循环应力比 I_{CSR} 对正常固结饱和红黏土的孔压发展规律的影响较小。$N<50$ 圈的循环加载初期阶段，最大孔压值 Δu_{max} 迅速增长；随着循环加载次数 N 的持续增加，虽然最大孔压值 Δu_{max} 仍然增长，但其增长速率逐渐变缓，最终其增长曲线基本趋于稳定。

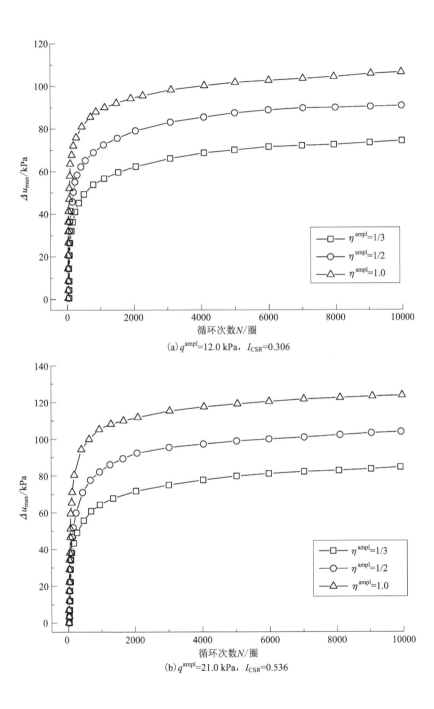

(a) q^{ampl}=12.0 kPa, I_{CSR}=0.306

(b) q^{ampl}=21.0 kPa, I_{CSR}=0.536

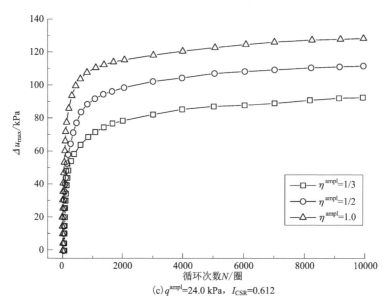

(c) q^{ampl}=24.0 kPa, I_{CSR}=0.612

图4-4　不同应力路径下的饱和红黏土孔压变化曲线(P_{OCR}=1.0)

　　为对孔压发展规律进行更深入的研究，本书对正常固结饱和红黏土在循环加载次数 N = 10000 圈时所对应的最大孔压值 Δu_{max} 进行对比分析：当 I_{CSR} = 0.306 时，η^{ampl} = 1/3、1/2、1.0 对应的最大孔压值 Δu_{max} 为 74.5 kPa、90.84 kPa、106.6 kPa；当 I_{CSR} = 0.536 时，η^{ampl} = 1/3、1/2、1.0 对应的最大孔压值 Δu_{max} 为 84.7 kPa、103.98 kPa、123.72 kPa；当 I_{CSR} = 0.612 时，η^{ampl} = 1/3、1/2、1.0 对应的最大孔压值 Δu_{max} 为 92.5 kPa、111.6 kPa、128.26 kPa。可见，当其他条件相同而应力路径斜率 η^{ampl} 不同时，随着应力路径斜率 η^{ampl} 的增大，其最大孔压变化曲线会整体向上移动，且应力路径斜率 η^{ampl} 越大，孔压发展曲线达到孔压峰值时所需的循环加载次数 N 越少；当其他条件相同而循环偏应力幅值 q^{ampl} 不同时，随着循环偏应力幅值 q^{ampl} 的增大，其最大孔压变化曲线也会整体向上移动，且最大孔压峰值随着循环偏应力幅值 q^{ampl} 和循环应力比 I_{CSR} 的增加而增大。

　　图4-5 为 P_{OCR} = 2.0、4.0 的饱和红黏土在不同应力路径下的孔压变化曲线。将图4-5 与图4-4(a)进行对比分析，可以得出：与 P_{OCR} = 1.0 的饱和红黏土进行对比，P_{OCR} = 2.0、4.0 的超固结饱和红黏土在加载初期的孔压发展曲线

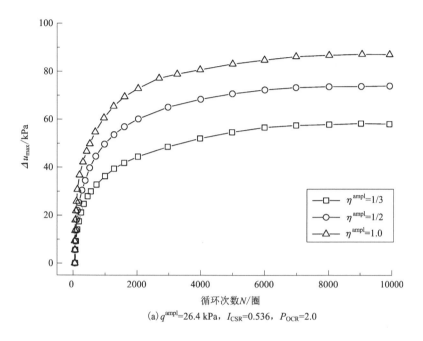

(a) q^{ampl}=26.4 kPa，I_{CSR}=0.536，P_{OCR}=2.0

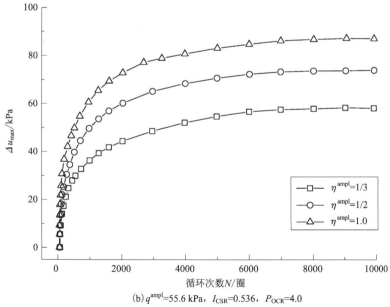

(b) q^{ampl}=55.6 kPa，I_{CSR}=0.536，P_{OCR}=4.0

图 4-5　不同应力路径下饱和红黏土的孔压变化曲线

较缓，孔隙水压力的增长速率较小，最大孔隙水压力 $\Delta u_{\max}$ 的变化速率随着超固结比 P_{OCR} 的增大而减小。当 $P_{OCR}=4.0$ 时，$\eta^{ampl}=1/3$ 的饱和红黏土的初始孔隙水压力为负值（即负孔隙水压力），孔压发展曲线在循环加载次数 $N<50$ 圈内比较陡峭，但随着循环加载次数 N 的持续增加，其逐渐变缓。总之，超固结比 P_{OCR} 对饱和红黏土的孔隙水压力的影响较大，随着超固结比 P_{OCR} 的增大，最大孔隙水压力 $\Delta u_{\max}$ 呈下降趋势。

以上研究结果表明：相对于其他地区的软土或黏性土，赣南饱和红黏土粗颗粒含量较多，渗透性系数较大。在体应力作用下，其土体内部的超孔隙水压力分布更为均匀，而试验所测得的超孔隙水压力主要为土体表面部分，因此所得不排水条件下的超孔隙水压力较其他软土或黏性土偏小。

4.2.2　永久轴向应变

如图 1-4 所示，单次循环轴向应变 ε_a 由残余应变 ε_a^c 和回弹应变 ε_a^r 组成，在交通循环荷载作用下，土体承受多次的单向循环加载作用，每一圈的残余应变逐渐累积，形成了永久轴向应变 ε_a^p。

图 4-6 为不排水条件下正常固结饱和红黏土在不同应力路径下的单向循环加载时轴向应变 ε_a^p 随循环加载次数 N 变化的发展规律。由图可知，循环应力比 I_{CSR} 对正常固结饱和红黏土轴向应变 ε_a^p 的发展规律的影响较小。当循环应力比 I_{CSR} 相同时，随着应力路径斜率 η^{ampl} 的增大，其轴向应变 ε_a^p 逐渐减小；循环加载初期阶段，轴向应变 ε_a^p 快速累积，当循环加载次数 N 为 200 圈左右时，其轴向应变的累积速率逐渐变缓，轴向应变 ε_a^p 发展曲线出现拐点。饱和红黏土试样在交通循环荷载作用下，土体颗粒发生了滑移重组，导致土体产生较大的剪切变形。随着循环加载次数 N 的持续增加，虽然轴向应变 ε_a^p 持续增长，但其累积速率逐渐变缓，最终其增长曲线基本趋于稳定。当应力路径斜率 η^{ampl} 相同时，循环应力比 I_{CSR} 对饱和红黏土轴向应变 ε_a^p 的累积影响显著，随着循环应力比 I_{CSR} 的增加，经过多次循环加载后，饱和红黏土轴向应变 ε_a^p 的最终累积值显著增大。当循环应力比 I_{CSR} 相同时，饱和红黏土的轴向应变 ε_a^p 发展曲线随着应力路径斜率 η^{ampl} 的增大而变缓。

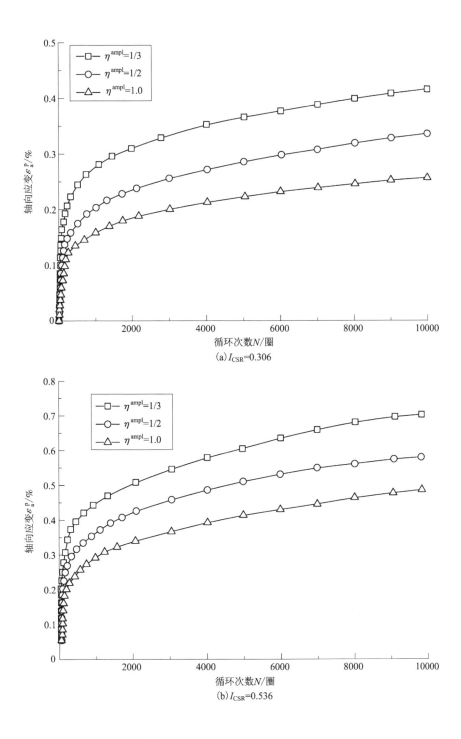

(a) I_{CSR}=0.306

(b) I_{CSR}=0.536

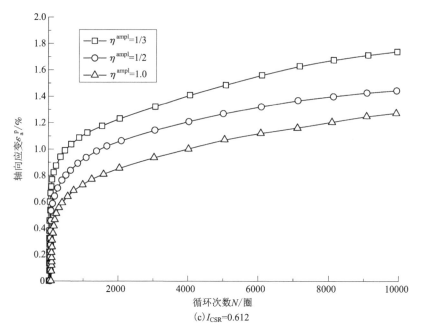

(c)I_{CSR}=0.612

图 4-6　正常固结饱和红黏土在不同应力路径下永久轴向应变的发展规律(P_{OCR}=1.0)

图 4-7 为不排水条件下 P_{OCR}=2.0、4.0 的超固结饱和红黏土在不同应力路径下单向循环加载时轴向应变 ε_a^p 随循环加载次数 N 变化的发展规律。将图 4-7 与图 4-6(b)进行对比分析,可以得出,超固结比 P_{OCR} 对饱和红黏土的轴向应变 ε_a^p 的发展规律的影响较小,在不同的超固结比 P_{OCR} 条件下,饱和红黏土的轴向应变 ε_a^p 均随着循环加载次数 N 的增加而逐渐累积,但累积速率和多次循环加载后的最终轴向应变 ε_a^p 随超固结比 P_{OCR} 变化而产生的变化有明显区别。由于不排水条件下饱和红黏土试样的体积不发生变化,围压的增加会有效地限制土体的侧向变形,从而使其轴向变形的情况也随之减少,最终试样很难被压缩,如同增强了土体的刚度。

目前,针对不同类型土体进行多次循环加载作用下的累积应变模型较多,例如,Barksdale 提出的累积应变模型:

$$\varepsilon_a^p = a + b\lg N \tag{4-13}$$

该公式表明循环加载次数 N 与轴向应变 ε_a^p 为线性关系。Monismith 在充分考虑循环加载次数 N 和土体特性的基础上,提出以下累积应变模型:

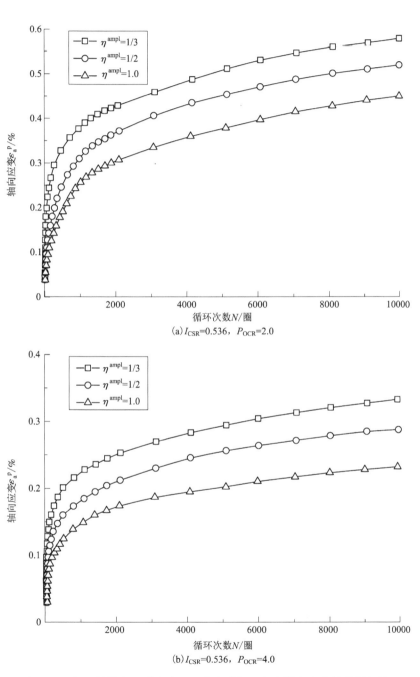

(a) $I_{CSR}=0.536$，$P_{OCR}=2.0$

(b) $I_{CSR}=0.536$，$P_{OCR}=4.0$

图 4-7　超固结饱和红黏土在不同应力路径下永久轴向应变的发展规律

$$\varepsilon_a^p = aN^b \qquad (4-14)$$

图 4-8 为循环应力比 $I_{CSR} = 0.536$ 的饱和红黏土在不同应力路径斜率 η^{ampl} 下循环加载至 $N = 10000$ 圈时对应的轴向应变 ε_a^p 随超固结比 P_{OCR} 变化的关系曲线。对图中的各条曲线进行对比分析，虽然应力路径斜率 η^{ampl} 不同，但其轴向应变 ε_a^p 随着超固结比 P_{OCR} 的增大而呈指数衰减趋势，可见，轴向应变 ε_a^p 与超固结比 P_{OCR} 的关系可以用指数函数关系式(4-15)来表示：

$$\varepsilon_a^p = A \cdot P_{OCR}^B \qquad (4-15)$$

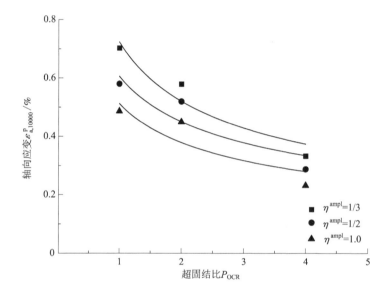

图 4-8　不同 η^{ampl} 下第 10000 圈时 $\varepsilon_{a,10000}^p$ 与 P_{OCR} 的关系曲线($I_{CSR} = 0.536$)

为了深入研究超固结比 P_{OCR} 和应力路径斜率 η^{ampl} 对饱和红黏土轴向应变 ε_a^p 的影响，以循环应力比 $I_{CSR} = 0.536$ 为例，将图 4-6(b)和图 4-7 中应力路径斜率 $\eta^{ampl} = 1/3$ 的饱和红黏土经过循环加载至 $N = 10000$ 圈时对应的轴向应变 $\varepsilon_{a,CCP}^p$ 进行对比，根据式(4-15)建立函数关系式：

$$\varepsilon_{a,CCP}^p = aN^b \qquad (4-16)$$

式中：参数 a、b 的取值如表 4-2 所示。

表 4-2　不同应力路径下的轴向应变计算参数

P_{OCR}	a	b
1	0.724	0.195
2	0.606	0.187
4	0.512	0.183

从表 4-2 中可以看出：参数 a 和 b 均随着超固结比 P_{OCR} 的增大而减小，根据其变化值发现，参数 b 的变化幅度较小。为了便于分析，假设参数 b 为常数，取其平均值 $b=0.188$。

根据参数 a 与超固结比 P_{OCR} 的关系，绘制如图 4-9 所示的关系曲线，并在此基础上建立如下关系式：

$$a=0.1632 \times P_{OCR}^{-0.2507} \tag{4-17}$$

联合式(4-16)、式(4-17)：

$$\varepsilon_{a,\,CCP}^{p}=0.1632 \times P_{OCR}^{-0.2507} \times N^{0.188} \tag{4-18}$$

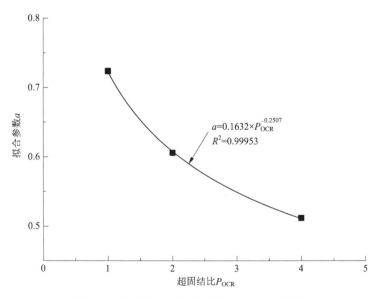

图 4-9　拟合参数 a 与超固结比 P_{OCR} 的关系

为针对不同超固结比 P_{OCR} 饱和红黏土，将应力路径斜率 $\eta^{ampl}=1/2$、1.0 的轴向应变 ε_a^p 与应力路径斜率 $\eta^{ampl}=1/3$ 的轴向应变 $\varepsilon_{a,CCP}^p$ 的比值采用一条通过原点的近似直线进行归一化分析（见图 $4-10$），其线性关系如式（$4-19$）和式（$4-20$）所示。

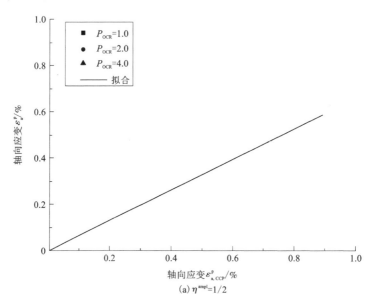

(a) $\eta^{ampl}=1/2$

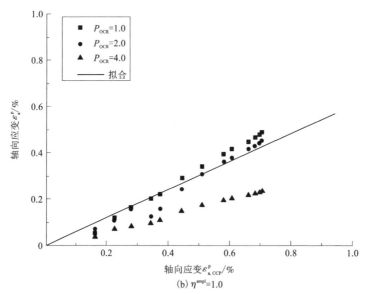

(b) $\eta^{ampl}=1.0$

图 4-10　不同 CCP 和 VCP 时对应轴向应变关系（$I_{CSR}=0.536$）

$$\varepsilon_\mathrm{a}^\mathrm{p} \approx 0.667\varepsilon_\mathrm{a,\,CCP}^\mathrm{p}(\eta^\mathrm{ampl}=1/2) \tag{4-19}$$

$$\varepsilon_\mathrm{a}^\mathrm{p} \approx 0.614\varepsilon_\mathrm{a,\,CCP}^\mathrm{p}(\eta^\mathrm{ampl}=1.0) \tag{4-20}$$

从图 4-11 中可以得出 $\dfrac{\varepsilon_\mathrm{a}^\mathrm{p}}{\varepsilon_\mathrm{a,\,CCP}^\mathrm{p}}$ 与 η^ampl 的关系式如下:

$$\frac{\varepsilon_\mathrm{a}^\mathrm{p}}{\varepsilon_\mathrm{a,\,CCP}^\mathrm{p}} = 2.762(\eta^\mathrm{ampl})^2 - 4.294\eta^\mathrm{ampl} + 2.124 \tag{4-21}$$

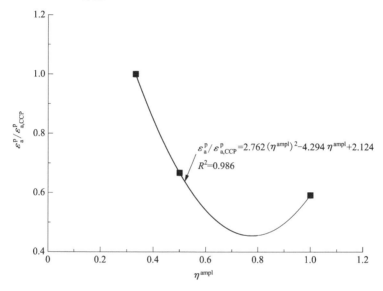

图 4-11　$\varepsilon_\mathrm{a}^\mathrm{p}/\varepsilon_\mathrm{a,\,CCP}^\mathrm{p}$ 与 η^ampl 的关系

将式(4-18)代入式(4-21),得到不同固结比饱和红黏土在不同应力路径下的永久轴向应变拟合公式:

$$\varepsilon_\mathrm{a}^\mathrm{p} = 0.1632 \times P_\mathrm{OCR}^{-0.2507} \times N^{0.188} \times [2.762(\eta^\mathrm{ampl})^2 - 4.294\eta^\mathrm{ampl} + 2.124] \tag{4-22}$$

对于不同固结比饱和红黏土,均可以采用式(4-22)对其经过多次循环荷载作用产生的累积竖向应变进行模拟和预测。图 4-12 为拟合值与实测值的对比。当 $P_\mathrm{OCR}=1.0$ 时,循环加载次数 $N=10000$ 圈时应力路径斜率 $\eta^\mathrm{ampl}=1/3$、1/2、1.0 对应的永久轴向应变实测值和拟合值分别为 0.71%、0.57%、0.48% 和 0.74%、0.69%、0.42%;当 $P_\mathrm{OCR}=2.0$ 时,循环加载次数 $N=10000$ 圈时应力路径斜率 $\eta^\mathrm{ampl}=1/3$、1/2、1.0 对应的永久轴向应变实测值和拟合值分别为 0.58%、0.52%、0.44% 和 0.62%、0.54%、0.46%;当 $P_\mathrm{OCR}=4.0$ 时,循环加载

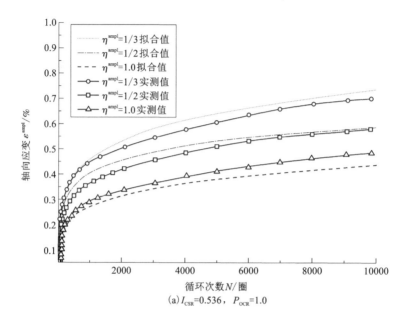

(a) I_{CSR}=0.536，P_{OCR}=1.0

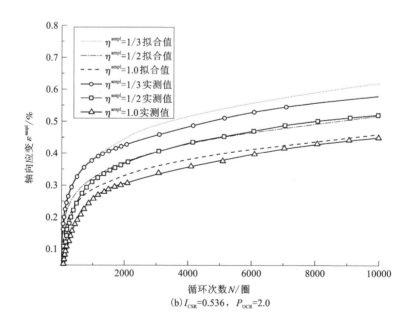

(b) I_{CSR}=0.536，P_{OCR}=2.0

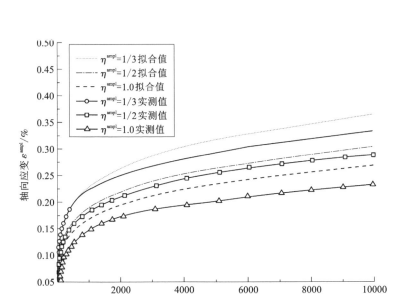

图 4-12　拟合值与实测值的对比

$N = 10000$ 圈时应力路径斜率 $\eta^{\mathrm{ampl}} = 1/3$、$1/2$、$1.0$ 对应的永久轴向应变实测值和拟合值分别为 0.33%、0.28%、0.23% 和 0.36%、0.30%、0.26%。实测值与模拟值之间的误差较小。可见，式 (4-22) 能够较好地对不同应力历史的饱和红黏土在不同应力路径下受交通循环荷载作用时产生的累积竖向变形进行预测。

　　通过以上研究可以发现：红黏土分选较差、棱角清晰、有典型的残积土特征，因此其具有低压缩性及高抗剪强度的特点。从永久轴向应变的发展规律可知，相较于其他一般黏土类型，循环荷载次数较少时永久轴向应变快速增长，但循环荷载达到一定次数后，永久轴向应变趋于稳定且所需循环次数增多，说明红黏土颗粒重新排列较为困难，具有一定的蠕变特性。

4.3 滞回曲线

图 4-13 为 $P_{OCR}=1.0$ 的饱和红黏土在不同 P_{OCR} 和 η^{ampl} 下的滞回曲线。由于进行了多次的循环加载试验，为了提高滞回曲线的清晰性，本次仅取其中部分有代表性的滞回圈进行对比分析，循环加载次数分别为 1~50 圈、150~200 圈、500 圈、2000 圈、5000~10000 圈。可见，I_{CSR} 及 η^{ampl} 对 $P_{OCR}=1.0$ 的饱和红黏土轴向应变 ε_{a}^{p} 的大小、累积速率、单个滞回圈的面积和形状等的影响显著，但对应力-应变滞回曲线的发展规律的影响甚微。以 $I_{CSR}=0.536$、$\eta^{ampl}=1/3$ 为例，在 $N<50$ 圈的循环加载初期阶段，饱和红黏土轴向应变 ε_{a}^{p} 累积速度较快，单个滞回圈所包围的面积相对较大，且累积的轴向应变量占总应变量的 40% 左右；当循环加载次数为 150~200 圈时，其应力-应变滞回曲线所包围的面积相差不大，且滞回圈大部分重合，此阶段的饱和红黏土轴向应变 ε_{a}^{p} 的发展速率逐渐变缓，轴向应变累积值接近轴向应变总量的 50%；随着循环加载次数 N 的持续增加，虽然饱和红黏土的轴向应变 ε_{a}^{p} 也持续增加，但其增长速率逐渐变缓，且每一个滞回圈所包围的面积很小，表明此时饱和红黏土的阻尼比较小，每一次循环加载过程中土体所消耗的能量也很少。

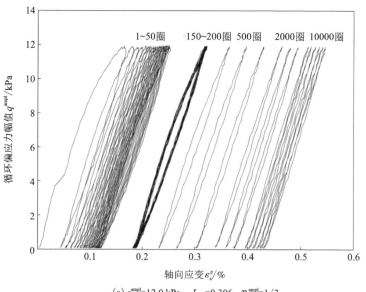

(a) $q^{ampl}=12.0$ kPa，$I_{CSR}=0.306$，$\eta^{ampl}=1/3$

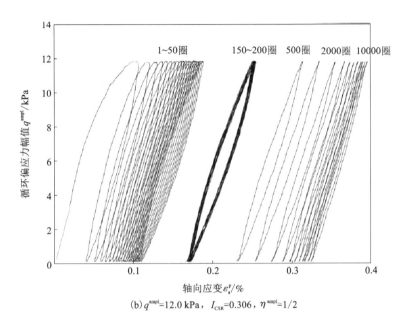

(b) q^{ampl}=12.0 kPa，I_{CSR}=0.306，η^{ampl}=1/2

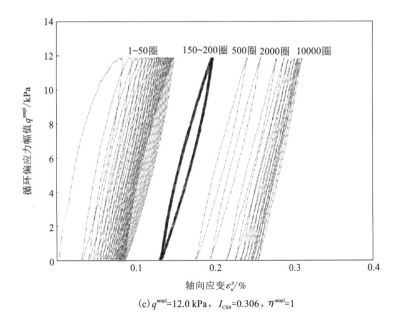

(c) q^{ampl}=12.0 kPa，I_{CSR}=0.306，η^{ampl}=1

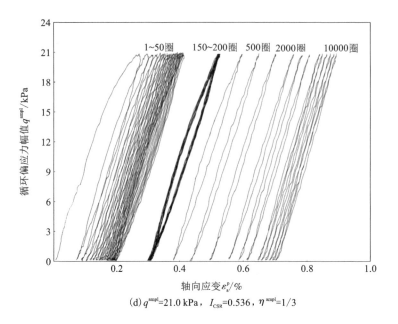

(d) $q^{\mathrm{ampl}}=21.0$ kPa，$I_{\mathrm{CSR}}=0.536$，$\eta^{\mathrm{ampl}}=1/3$

(e) $q^{\mathrm{ampl}}=21.0$ kPa，$I_{\mathrm{CSR}}=0.536$，$\eta^{\mathrm{ampl}}=1/2$

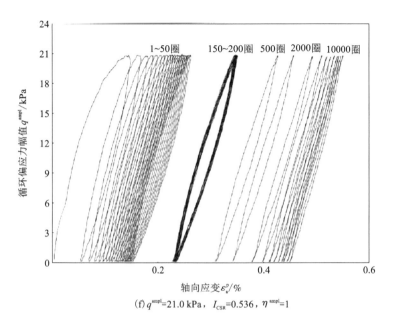

(f) q^{ampl}=21.0 kPa，I_{CSR}=0.536，η^{ampl}=1

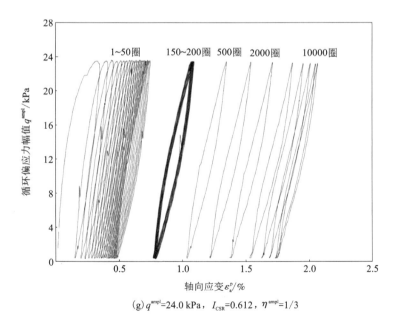

(g) q^{ampl}=24.0 kPa，I_{CSR}=0.612，η^{ampl}=1/3

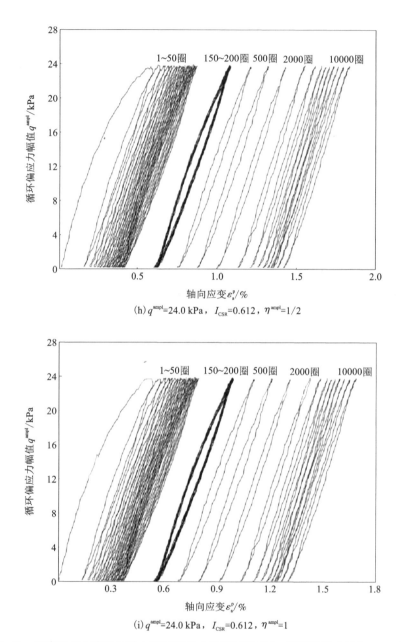

(h) q^{ampl}=24.0 kPa，I_{CSR}=0.612，η^{ampl}=1/2

(i) q^{ampl}=24.0 kPa，I_{CSR}=0.612，η^{ampl}=1

图 4-13 正常固结土饱和红黏土在不同应力路径下的应力-应变滞回曲线（P_{OCR}=1.0）

图 4-14 为 P_{OCR} = 2.0、4.0 的超固结饱和红黏土在不同应力路径下的应力-应变滞回曲线。将图 4-14 与图 4-13(d)~(f)进行对比分析可知,超固结比 P_{OCR} 和应力路径斜率 η^{ampl} 对饱和红黏土的轴向应变 ε_a^p 的大小及滞回圈累积速率的影响显著,但对应力-应变滞回曲线的发展规律的影响甚微,且随着超固结比 P_{OCR} 和应力路径斜率 η^{ampl} 的增大,轴向应变总量基本都是呈减小趋势。

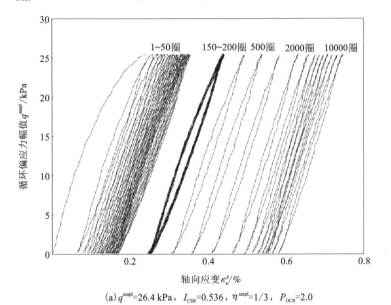

(a) q^{ampl}=26.4 kPa,I_{CSR}=0.536,η^{ampl}=1/3,P_{OCR}=2.0

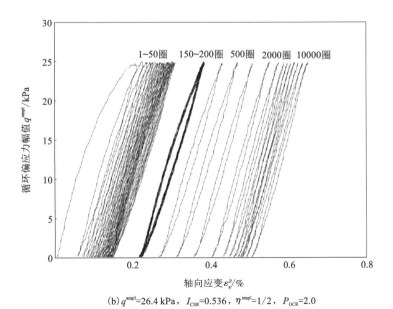

(b) q^{ampl}=26.4 kPa,I_{CSR}=0.536,η^{ampl}=1/2,P_{OCR}=2.0

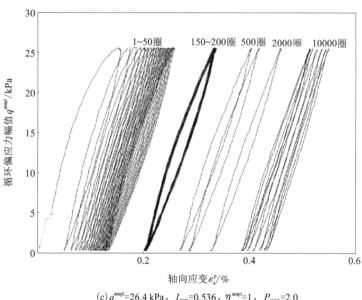

(c) q^{ampl}=26.4 kPa，I_{CSR}=0.536，η^{ampl}=1，P_{OCR}=2.0

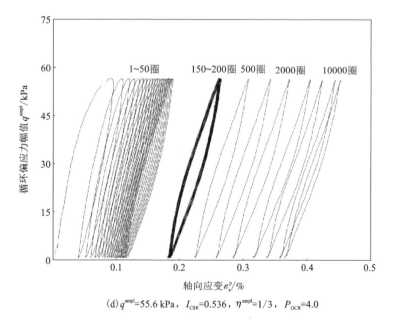

(d) q^{ampl}=55.6 kPa，I_{CSR}=0.536，η^{ampl}=1/3，P_{OCR}=4.0

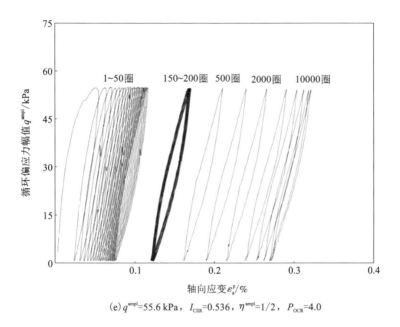

(e) q^{ampl}=55.6 kPa，I_{CSR}=0.536，η^{ampl}=1/2，P_{OCR}=4.0

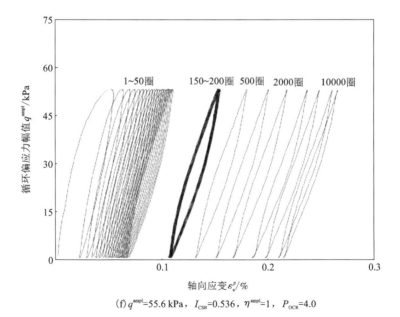

(f) q^{ampl}=55.6 kPa，I_{CSR}=0.536，η^{ampl}=1，P_{OCR}=4.0

图 4-14　超固结饱和红黏土在不同应力路径下的应力-应变滞回曲线（P_{OCR}=2.0、4.0）

4.4　回弹特性

在交通工程建设中对路基的承载力和沉降量进行计算时，土体的回弹特性是非常重要的参数之一。国内外众多学者针对不同土体进行回弹模量的预测模型研究成果较多，如 Rondon 等通过对砂土进行试验研究，发现围压条件对砂土的回弹模量的影响较大。Allen 和 Thompson 等针对土体分别在常围压（CCP）应力路径和变围压（VCP）应力路径下研究了回弹模量的变化规律。Lekarp 等对之前的研究成果进行了总结：如 Seed 和 Brown 认为平均主应力 q^{av} 是决定回弹模量 M_r 的主要因素之一，提出了如下模型（$K \sim \theta$ 模型）

$$M_r = k_1 \theta^{k_2} \tag{4-23}$$

Uzan 在 $K \sim \theta$ 模型的基础上，考虑循环偏应力对土体的影响，提出了如下模型：

$$M_r = k_1 p_0 \left(\frac{\theta}{p_0} \right)^{k_2} \left(\frac{q}{p_0} \right)^{k_3} \tag{4-24}$$

Nataatmadja 等充分考虑变围压试验条件等因素的影响，提出了如下模型：

$$M_r = \frac{\theta}{q} (A + Bq) \qquad （CCP） \tag{4-25}$$

$$M_r = k_1 p_0 \left(\frac{\theta}{p_0} \right)^{k_2} \left(\frac{q}{p_0} \right)^{k_3} \qquad （VCP） \tag{4-26}$$

以上研究成果虽然考虑了不同的围压形式，但其研究土体基本都是以粗颗粒为主，王军、谷川、孙磊等学者对温州软黏土进行了回弹模量等方面的试验研究，并取得了一定的研究成果。

图 4-15 为 $P_{OCR} = 1.0$ 的饱和红黏土在不同应力路径下 M_r 随 N 变化的发展曲线。可见，I_{CSR} 和 η^{ampl} 对回弹模量 M_r 的发展规律的影响较小，但对 M_r 的大小及衰减速率的影响显著。当循环应力路径斜率 η^{ampl} 相同时，循环加载次数 $N = 10000$ 圈时所对应的正常固结饱和红黏土回弹模量 M_r 随循环应力比 I_{CSR} 的增大而逐渐减小；当循环应力比 I_{CSR} 相同时，正常固结饱和红黏土回弹模量 M_r 随应力路径斜率 η^{ampl} 的增大而减小。以图 4-15（b）中循环应力比 $I_{CSR} = 0.536$ 对应的回弹模量 M_r 的发展曲线为例，应力路径斜率 η^{ampl} 的变化对回弹

模量 M_r 的发展规律的影响较小，但对回弹模量 M_r 大小的影响显著。随着应力路径斜率 η^{ampl} 的增大，土体达到稳定时所对应的回弹模量 M_r 越小。在 $N<50$ 圈的循环加载初期阶段，回弹模量 M_r 迅速降低；当循环加载次数 N 为 200 圈左右时，回弹模量 M_r 的发展曲线逐渐变缓；随着循环加载次数 N 的持续增加，虽然回弹模量 M_r 仍然减小，但其降低速率逐渐变缓，最终其发展曲线基本趋于稳定。应力路径斜率 $\eta^{ampl}=1/3$ 的饱和红黏土在循环加载次数 $N=10000$ 圈时的回弹模量 $M_r=12.51$ MPa；而应力路径斜率 $\eta^{ampl}=1/3$ 和 $\eta^{ampl}=1.0$ 的饱和红黏土在循环加载次数 $N=10000$ 圈时的回弹模量 M_r 分别为 10.97 MPa 和 9.29 MPa；与应力路径斜率 $\eta^{ampl}=1/3$ 相比，应力路径斜率 $\eta^{ampl}=1/2$ 和 $\eta^{ampl}=1.0$ 的饱和红黏土在循环加载次数 $N=10000$ 圈所对应的回弹模量 M_r 分别下降了 12.32% 和 25.74%。可见，η^{ampl} 对 $P_{OCR}=1.0$ 的饱和红黏土的回弹模量 M_r 的影响显著。

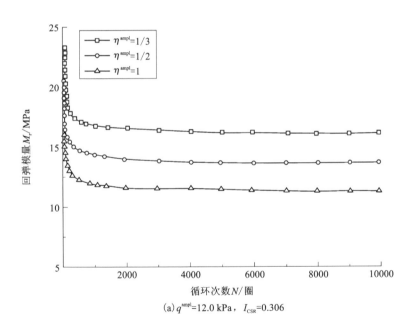

(a) $q^{ampl}=12.0$ kPa，$I_{CSR}=0.306$

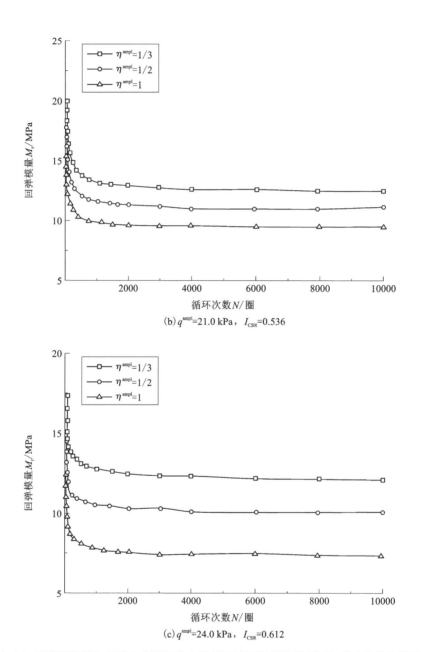

(b) q^{ampl}=21.0 kPa，I_{CSR}=0.536

(c) q^{ampl}=24.0 kPa，I_{CSR}=0.612

图 4-15　正常固结饱和红黏土在不同应力路径下的回弹模量随循环加载次数的发展曲线

图 4-16 为 P_{OCR} = 2. 0、4. 0 的超固结饱和红黏土在不同应力路径斜率 η^{ampl} 下回弹模量 M_r 随循环加载次数 N 的发展曲线。将图 4-16 与图 4-15（b）进行对比分析可知，不同固结比饱和红黏土回弹模量 M_r 随循环加载次数 N 变化的发展规律基本类似，但超固结比 P_{OCR} 和应力路径斜率 η^{ampl} 对回弹模量 M_r 大小和衰减速率的影响显著。当循环加载次数 N<50 圈时，P_{OCR} = 2. 0、4. 0 的超固结饱和红黏土的衰减速率小于 P_{OCR} = 1. 0 的饱和红黏土。当循环加载次数 N 为 1000 ~ 1500 圈时，P_{OCR} = 2. 0、4. 0 的饱和红黏土回弹模量 M_r 发展曲线逐渐变缓；随着循环加载次数 N 的持续增加，其回弹模量 M_r 的变缓速率较小且发展曲线基本趋于稳定。对于 P_{OCR} = 2. 0 的饱和红黏土，当循环加载次数 N = 10000 圈时，η^{ampl} = 1/3、1/2、1. 0 对应的回弹模量 M_r 分别为 12. 1 MPa、10. 3 MPa、9. 7 MPa。对于 P_{OCR} = 4. 0 的饱和红黏土，当循环加载次数 N = 10000 圈时，η^{ampl} = 1/3、1/2、1. 0 对应的回弹模量 M_r 分别为 11. 8 MPa、7. 9 MPa、6. 8 MPa。与 P_{OCR} = 1. 0 的红黏土在 N = 10000 圈时应力路径斜率 η^{ampl} = 1/3、1/2、1. 0 对应的回弹模量 M_r 相比，P_{OCR} = 2. 0 时的回弹模量 M_r 下降了 15%、6. 2%、3. 3%，P_{OCR} = 4. 0 时的回弹模量 M_r 下降了 26. 2%、11. 6%、5. 7%。可见，P_{OCR} 对回弹模量 M_r 的大小和衰减速率的影响显著，随着 P_{OCR} 的增大，回弹模量 M_r 衰减速率逐渐变缓时所对应的循环加载次数 N 逐渐增加。与 P_{OCR} = 1. 0 的饱和红黏土相比，P_{OCR} = 2. 0、4. 0 的饱和红黏土经过多次循环加载后，其回弹模量 M_r 均出现不同程度的下降，且下降速率随着超固结比 P_{OCR} 的增大而增加。

为了更深入地了解 η^{ampl}、I_{CSR} 与 M_r 之间的变化规律，以 P_{OCR} = 1. 0 的饱和红黏土为例，采用与第 4. 2. 2 节关于永久轴向应变 ε_a^p 相类似的处理方法。图 4-17 为应力路径斜率 η^{ampl} = 1/3、N = 10000 圈时回弹模量 M_r^{CCP} 与循环应力比 I_{CSR} 之间的关系曲线。根据回弹模量 M_r^{CCP} 随循环应力比 I_{CSR} 变化的发展规律，建立拟合经验公式：

$$M_r^{CCP} = 18. 97 - 6. 64 I_{CSR} - 8. 62 I_{CSR}^2 \qquad (4-27)$$

图 4-18 为不同循环应力比 I_{CSR} 下应力路径斜率 η^{ampl} = 1/2、1. 0 的正常固结饱和红黏土在循环加载次数 N = 10000 圈时的回弹模量 M_r 与应力路径斜率 η^{ampl} = 1/3 的正常固结饱和红黏土在循环加载次数 N = 10000 圈时的回弹模量 M_r 之比与应力路径斜率 η^{ampl} 的关系。从图中可知，M_r/M_r^{CCP} 与 η^{ampl} 有良好的线性关系：

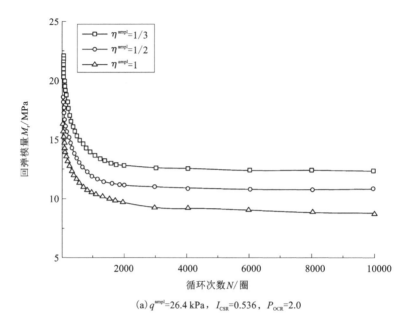

（a）q^{ampl}=26.4 kPa，I_{CSR}=0.536，P_{OCR}=2.0

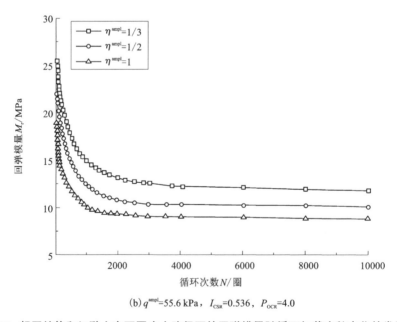

（b）q^{ampl}=55.6 kPa，I_{CSR}=0.536，P_{OCR}=4.0

图 4-16　超固结饱和红黏土在不同应力路径下的回弹模量随循环加载次数变化的发展曲线

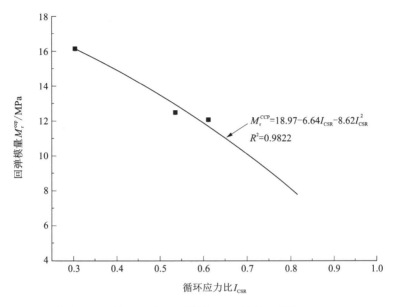

图 4-17　CCP 应力路径下饱和红黏土 M_r^{CCP} 与 I_{CSR} 的关系曲线（$P_{OCR}=1.0$、$N=10000$）

$$\frac{M_r}{M_r^{CCP}} = 1.138 - 0.502\eta^{ampl} \qquad (4-28)$$

式(4-28)表明，M_r/M_r^{CCP} 的比值随着应力路径斜率 η^{ampl} 的增加而减小。将式(4-27)代入式(4-28)，得到 $P_{OCR}=1.0$ 的饱和红黏土的不排水回弹模量 M_r 拟合公式：

$$M_r = (1.138 - 0.502\eta^{ampl}) \times (18.97 - 6.64 I_{CSR} - 8.62 I_{CSR}^2) \qquad (4-29)$$

可见，在不排水条件下，式(4-29)能够针对应力路径下的饱和红黏土回弹模量进行拟合。但此公式是基于 $P_{OCR}=1.0$ 的饱和红黏土试验得出的。由于本书关于超固结比饱和红黏土的相关试验数据偏少，此公式没有考虑超固结比 P_{OCR} 的影响，需在后期的研究中对超固结比饱和红黏土进行针对性研究，并根据试验结果对式(4-29)进行折减。在实际工程项目中，由于应力历史，红黏土的地基固结度不同，采用式(4-29)对饱和红黏土进行不排水条件下回弹模量 M_r 预测时，需要对其结果进行一定程度的折减，以满足工程需求。

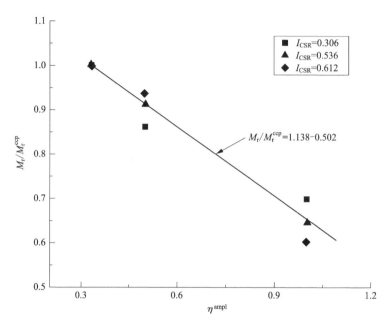

图 4-18　常围压条件下归一化弹性模量与应力路径斜率的关系

4.5　本章小结

本章在不排水条件下，对不同固结比饱和红黏土进行了一系列单向循环加载试验，探讨了应力路径和循环应力比对饱和红黏土的孔压发展规律、永久轴向应变及回弹模量的影响，得到以下结论。

（1）对不同固结比饱和红黏土永久轴向应变与应力路径斜率进行归一化分析，建立饱和红黏土永久轴向应变拟合公式。对本书所采用的红黏土进行永久轴向应变实测值进行对比，结果表明，该拟合公式能较好地对不同应力历史的饱和红黏土在交通循环荷载作用下产生的竖向累积变形进行预测。

（2）超固结比和应力路径斜率对饱和红黏土的轴向应变的大小及滞回圈累积速率的影响显著，但对应力–应变滞回曲线的发展规律的影响甚微，且随着超固结比和应力路径斜率的增大，轴向应变总量基本都是呈减小趋势。

（3）针对 $P_{OCR}=1.0$ 的饱和红黏土，考虑应力路径和循环围压耦合作用，建立不排水回弹模量拟合公式，对本书所采用的正常固结饱和红黏土进行回弹模量拟合。但在实际工程项目中，由于应力历史，红黏土的地基固结度不同，同时考虑饱和红黏土的超固结性，需对此公式的拟合结果进行折减，折减系数则在后续进行研究。

第5章

不同应力路径下饱和红黏土的部分排水动力特性

在实际工程项目中，土体的排水问题是一个不能忽略的问题，排水速度的快慢与排水量的大小是决定土体承载能力以及沉降变形的重要因素之一。土体的排水形式可以分为不排水、完全排水和部分排水三种，主要与土体物理力学性能、排水条件、加载方式等因素有关。其中，部分排水形式介于完全排水和完全不排水之间，循环荷载作用下部分排水土体中超孔隙水压力的消散和产生重复交替，是一种复杂的变化形式。目前，砂类土等粗颗粒土体的渗透性能好，可以采用完全排水和不排水两种形式对其进行动力特性试验研究。由于天然状态下的饱和红黏土具有高孔隙比、高含水率及收缩性明显等特点，饱和红黏土地基由交通循环荷载作用引起的不均匀沉降会导致基础设施受到破坏，为了有效地对其进行沉降控制，需对饱和红黏土进行部分排水条件下的动力特性研究。

至今，诸多学者针对不同类型的土体进行了大量的由交通循环荷载作用引起的动力特性试验研究，而对于红黏土在部分排水条件下由交通循环荷载作用引起的动力特性的研究成果较少。为了能够真实地反映饱和红黏土路基在交通循环荷载作用下的工作状态，需在其相应的应力状态下，对饱和红黏土进行室内模拟试验。

在前文不排水试验的基础上，本章利用 GDS 变围压动三轴试验系统，对饱和红黏土进行 CCP 和 VCP 应力路径部分排水单向循环加载试验，并将其试验结果与不排水条件下对应的试验结果进行对比分析，探讨超固结比 P_{OCR}、循环应力比 I_{CSR} 及不同应力路径斜率 η^{ampl} 等因素对饱和红黏土动力特性的影响；建立预测部分排水条件下饱和红黏土的回弹模量拟合经验公式，深入了解饱和红黏土在真实工况下的动力特性，为后续本构模型的建立提供理论支持。

5.1　试验方案

为了便于对试验结果进行对比分析，本章和第 4 章采用的饱和红黏土试样基本相同。在试验过程中为了能够实现部分排水，需要在循环加载过程中将排水阀门打开，试验步骤与不排水试验的完全相同，在此不再赘述。本章拟采用的部分排水单向循环加载试验方案如表 5-1 所示。

5.2　孔压发展规律

图 5-1 为不同应力路径下 $P_{\mathrm{OCR}} = 1.0$ 的饱和红黏土最大孔压值 Δu_{max} 随循环加载次数 N 变化的曲线。循环偏应力幅值 q^{ampl} 和循环应力比 I_{CSR} 对 $P_{\mathrm{OCR}} = 1.0$ 的饱和红黏土的孔压发展规律的影响较小。循环加载初期阶段，由于试样排水不及时，最大孔压值 Δu_{max} 迅速增长，循环加载次数 $N = 300$ 圈左右时对应的最大孔压值 Δu_{max} 达到峰值，随着循环加载次数 N 的持续增加，土体被挤压的同时孔隙水逐渐排出，孔隙水压力逐渐降低，待循环加载次数 $N > 6000$ 圈后，孔隙水压力发展速率逐渐变缓，最终趋于稳定状态。

为对饱和红黏土试样的孔压发展规律进行更深入的研究，本书对 $P_{\mathrm{OCR}} = 1.0$ 的饱和红黏土的最大孔压峰值和在循环加载次数 $N = 10000$ 圈时所对应的最大孔压值 Δu_{max} 进行对比分析。当 $I_{\mathrm{CSR}} = 0.153$ 时，应力路径斜率 $\eta^{\mathrm{ampl}} = 1/3$、$1/2$、$1.0$ 对应的最大孔压峰值为 32.28 kPa、45.71 kPa、63.8 kPa，循环加载次数 $N = 10000$ 圈时应力路径斜率 $\eta^{\mathrm{ampl}} = 1/3$、$1/2$、$1.0$ 对应的最大孔压值 Δu_{max} 为 1.26 kPa、1.47 kPa、2.74 kPa；当 $I_{\mathrm{CSR}} = 0.306$ 时，应力路径斜率 $\eta^{\mathrm{ampl}} = 1/3$、$1/2$、$1.0$ 对应的最大孔压峰值为 45.44 kPa、65.41 kPa、88.71 kPa，循环加载次数 $N = 10000$ 时应力路径斜率 $\eta^{\mathrm{ampl}} = 1/3$、$1/2$、$1.0$ 对应的最大孔压值 Δu_{max} 为 3.26 kPa、4.58 kPa、6.52 kPa；当 $I_{\mathrm{CSR}} = 0.536$ 时，应力路径斜率 $\eta^{\mathrm{ampl}} = 1/3$、$1/2$、$1.0$ 对应的最大孔压峰值 Δu_{max} 为 49.42 kPa、70.57 kPa、96.36 kPa，循环加载次数 $N = 10000$ 应力路径斜率 $\eta^{\mathrm{ampl}} = 1/3$、$1/2$、$1.0$ 对应的最大孔压峰值 Δu_{max} 为 4.83 kPa、9.46 kPa、15.72 kPa；当 $I_{\mathrm{CSR}} = 0.612$ 时，应力路径斜率

表 5-1 部分排水条件下饱和红黏土单向循环加载试验方案

试验编号	超固结比 P_{OCR}	初始固结围压 p'_{oc}/kPa	最终固结围压 p'_{o}/kPa	循环主应力幅值 p^{ampl}/kPa	循环偏应力幅值 q^{ampl}/kPa	斜率 η^{ampl}	循环应力比 I_{CSR}	围压类型	循环次数 N
PD-1	1.0	75	75	2.0	6.0	1/3	0.153	CCP	10000
PD-2	1.0	75	75	3.0	6.0	1/2	0.153	VCP	10000
PD-3	1.0	75	75	6.0	6.0	1.0	0.153	VCP	10000
PD-4	1.0	75	75	4.0	12.0	1/3	0.306	CCP	10000
PD-5	1.0	75	75	6.0	12.0	1/2	0.306	VCP	10000
PD-6	1.0	75	75	12.0	12.0	1.0	0.306	VCP	10000
PD-7	1.0	75	75	7.0	21.0	1/3	0.536	CCP	10000
PD-8	1.0	75	75	10.5	21.0	1/2	0.536	VCP	10000
PD-9	1.0	75	75	21.0	21.0	1.0	0.536	VCP	10000
PD-10	1.0	75	75	8.0	24.0	1/3	0.612	CCP	10000
PD-11	1.0	75	75	12.0	24.0	1/2	0.612	VCP	10000
PD-12	1.0	75	75	24.0	24.0	1.0	0.612	VCP	10000
PD-13	2.0	75	150	13.2	26.4	1/3	0.536	CCP	10000
PD-14	2.0	75	150	13.2	26.4	1/2	0.536	VCP	10000
PD-15	2.0	75	150	26.4	26.4	1.0	0.536	VCP	10000
PD-16	4.0	75	300	18.5	55.6	1/3	0.536	CCP	10000
PD-17	4.0	75	300	27.8	55.6	1/2	0.536	VCP	10000
PD-18	4.0	75	300	55.6	55.6	1.0	0.536	VCP	10000

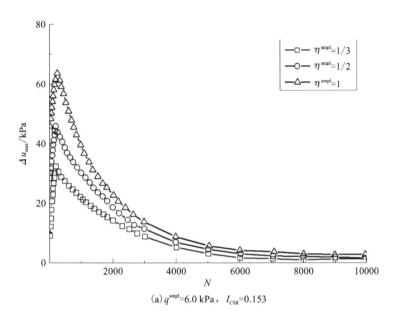

(a) q^{ampl}=6.0 kPa，I_{CSR}=0.153

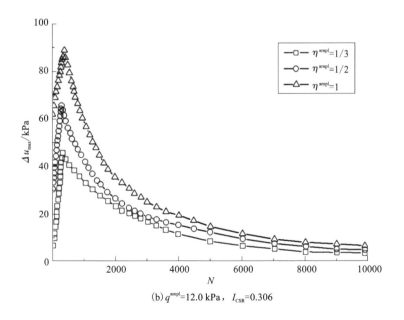

(b) q^{ampl}=12.0 kPa，I_{CSR}=0.306

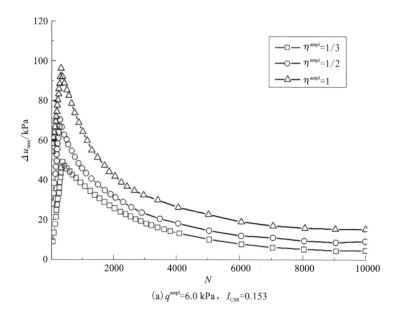

(a) q^{ampl}=6.0 kPa，I_{CSR}=0.153

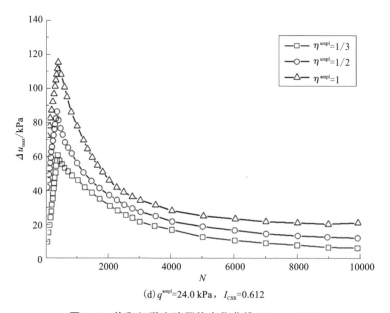

(d) q^{ampl}=24.0 kPa，I_{CSR}=0.612

图5-1　饱和红黏土孔压值变化曲线（$P_{OCR}=1.0$）

$\eta^{ampl} = 1/3$、$1/2$、1.0 对应的最大孔压峰值 Δu_{max} 为 60.93 kPa、86.47 kPa、115.46 kPa，循环加载次数 $N = 10000$ 圈时对应的应力路径斜率 $\eta^{ampl} = 1/3$、$1/2$、1.0 对应的最大孔压值 Δu_{max} 为 6.38 kPa、12.15 kPa、21.12 kPa。可见，当 P_{OCR}、I_{CSR} 相同而应力路径斜率 η^{ampl} 不同时，随着应力路径斜率 η^{ampl} 增大，其最大孔压值变化曲线会整体向上移动；经过多次循环加载后，循环加载次数 $N = 10000$ 圈时对应的最大孔压峰值 Δu_{max} 随着应力路径斜率 η^{ampl} 的增加而增大；当 P_{OCR}、η^{ampl} 相同而 I_{CSR} 不同时，随着 q^{ampl} 的增加，最大孔压峰值 Δu_{max} 逐渐增大。

根据 $P_{OCR} = 1.0$ 的饱和红黏土最大孔压峰值 Δu_{max} 随循环加载次数 N 变化的曲线，可以看出，循环应力比 I_{CSR}、循环偏应力幅值 q^{ampl} 及应力路径斜率 η^{ampl} 等参数对 $P_{OCR} = 1.0$ 的饱和红黏土的孔压发展规律的影响较小，即在循环加载开始阶段，孔压基本呈直线发展，进入上升阶段后迅速达到最大孔压峰值；然后迅速降低，进入下降阶段。可以用式(5-1)和式(5-2)分别对部分排水条件下孔压的变化曲线进行模拟。

$$\Delta u = a \times N^2 + b \times N + c \qquad \text{（上升阶段）} \qquad (5-1)$$

$$\Delta u = A \times e^{\frac{(N-N_t)}{B}} + C \qquad \text{（下降阶段）} \qquad (5-2)$$

式中：a、b、c、A、B、C 为正常固结饱和红黏土充分考虑了循环偏应力幅值和斜率的影响；N_t 为孔压达到峰值时所对应的循环加载次数；N 为孔压的循环加载次数；Δu 为循环加载次数 N 时的孔压。

参数 a、b、c、A、B、C 的拟合值如表 5-2 所示。图 5-2 为 $P_{OCR} = 2.0$、4.0 的饱和红黏土在部分排水条件下不同应力路径对应的孔压发展曲线。对比图 5-2 与图 5-1 可知，当应力路径斜率 $\eta^{ampl} = 1/2$、1.0 时，虽然 $P_{OCR} = 2.0$、4.0 的饱和红黏土的最大孔压峰值分别为 58.04 kPa、71.86 kPa 和 35.44 kPa、45.42 kPa，明显低于 $P_{OCR} = 1.0$ 的饱和红黏土对应的峰值 70.57 kPa、96.36 kPa，且 $P_{OCR} = 2.0$、4.0 的饱和红黏土达到最大孔压峰值所需要的循环加载次数 N 比 $P_{OCR} = 1.0$ 的饱和红黏土达到最大孔压峰值所需要的循环加载次数 N 要多，但其孔压发展规律基本类似；当应力路径斜率 $\eta^{ampl} = 1/3$ 时，$P_{OCR} = 2.0$、4.0 的饱和红黏土的最大孔压值 Δu_{max} 随循环加载次数 N 的增加几乎没有增长，孔压发展曲线基本呈线性发展，与 $P_{OCR} = 1.0$ 的饱和红黏土的孔压发展规律有明显区别。这说明在超固结比 P_{OCR} 的影响下，饱和红黏土在应力路径

斜率 $\eta^{ampl} = 1/3$ 时的最大孔压峰值 Δu_{max} 几乎没有增长，同时随着超固结比 P_{OCR} 的增大，土体的密实度提高，土体中的孔隙水排水路径更少，导致土体的排水周期更长。

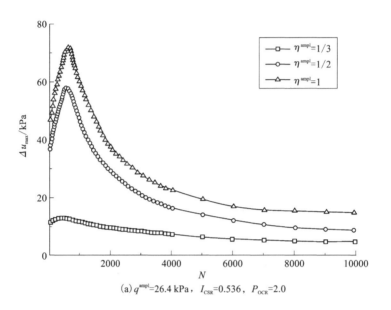

(a) $q^{ampl}=26.4$ kPa，$I_{CSR}=0.536$，$P_{OCR}=2.0$

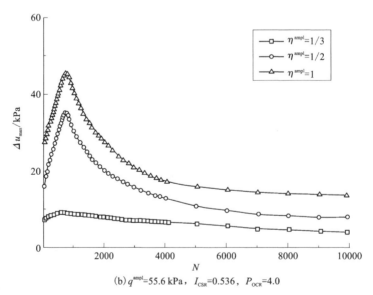

(b) $q^{ampl}=55.6$ kPa，$I_{CSR}=0.536$，$P_{OCR}=4.0$

图 5-2　饱和红黏土的孔压发展曲线（$P_{OCR}=2.0$、4.0）

表 5-2　不同循环偏应力幅值下的模拟计算参数($P_{OCR}=1.0$)

偏应力幅值 q^{ampl}/kPa	斜率 η^{ampl}	参数					
		a	b	c	A	B	C
6.0	1/3	-3.91×10^{-4}	0.204	7.398	56.94	1530.68	2.94
	1/2	-3.43×10^{-4}	0.162	25.71	40.81	1968.33	0.93
	1.0	-1.86×10^{-4}	0.126	44.1	29.31	2210.42	0.08
12.0	1/3	2.524×10^{-5}	0.125	3.827	41.71	2396.27	2.39
	1/2	-6.403×10^{-5}	0.144	29..01	54.58	1629.99	7.02
	1.0	-2.219×10^{-5}	0.081	61.452	77.33	1605.92	8.76
21.0	1/3	-2.201×10^{-5}	0.146	4.701	44.97	2410.69	3.81
	1/2	-7.969×10^{-6}	0.194	23.452	54.44	1762.58	10.10
	1.0	6.031×10^{-5}	0.129	54.386	74.44	1540.75	17.23
24.0	1/3	1.359×10^{-5}	0.155	8.061	53.45	2229.92	6.09
	1/2	-1.219×10^{-4}	0.191	38.272	66.65	1550.81	14.21
	1.0	4.283×10^{-5}	0.111	70.795	94.19	1253.90	21.93

综上所述,在变围压应力路径条件下,$P_{OCR}=2.0$、4.0 的饱和红黏土的孔压变化曲线与 $P_{OCR}=1.0$ 的饱和红黏土对应的孔压变化曲线基本类似,均表现为孔压上升至峰值,然后下降的现象,故亦可用式(5-1)和式(5-2)分别对 $P_{OCR}=2.0$、4.0 的饱和红黏土在部分排水条件下变围压应力路径对应的孔压变化曲线进行模拟,在此不再赘述。当 $\eta^{ampl}=1/3$ 时,$P_{OCR}=2.0$、4.0 的饱和红黏土的孔压发展曲线呈线性发展,这与 $P_{OCR}=1.0$ 的饱和红黏土在 $\eta^{ampl}=1/3$ 时对应的孔压发展规律是有明显区别的。

5.3　回弹特性

对于 $P_{OCR}=1.0$ 的饱和红黏土,当 η^{ampl} 和 I_{CSR} 发生变化时,回弹模量 M_r 随之发生变化,其发展曲线如图 5-3 所示。由图可知,在不同的循环应力比 I_{CSR}

及应力路径斜率 η^{ampl} 条件下，$P_{\text{OCR}} = 1.0$ 的饱和红黏土的回弹模量 M_{r} 随着循环加载次数 N 的增加均表现出先衰减后增长或保持稳定的变化规律。循环加载初期阶段，由于试样排水不及时，孔隙水压力迅速累积，有效应力迅速降低，回弹模量 M_{r} 出现较大的衰减；随着循环加载次数 N 的持续增加，孔隙水压力随着孔隙水的排出而逐渐消散，有效应力逐渐增大；当循环加载次数 N 持续累加，回弹模量 M_{r} 逐渐增长或保持稳定。可见，这与 $P_{\text{OCR}} = 1.0$ 的饱和红黏土在不排水条件下的回弹模量 M_{r} 的发展规律有明显区别。

对图 5-3(a)~(d)中回弹模量 M_{r} 的发展规律进行深入分析可知，当 $I_{\text{CSR}} = 0.153$ 时，应力路径斜率 $\eta^{\text{ampl}} = 1/3$、$1/2$、1.0 条件下循环加载次数 $N = 10000$ 圈时对应的回弹模量 M_{r} 分别为 25.23 MPa、26.45 MPa、27.32 MPa；当 $I_{\text{CSR}} = 0.306$ 时，应力路径斜率 $\eta^{\text{ampl}} = 1/3$、$1/2$、1.0 条件下循环加载次数 $N = 10000$ 圈时对应的回弹模量 M_{r} 分别为 25.47 MPa、25.96 MPa、26.49 MPa；当 $I_{\text{CSR}} = 0.536$ 时，应力路径斜率 $\eta^{\text{ampl}} = 1/3$、$1/2$、1.0 条件下循环加载次数 $N = 10000$ 圈时对应的回弹模量 M_{r} 分别为 21.91 MPa、23.24 MPa、24.86 MPa，$I_{\text{CSR}} = 0.612$ 时，应力路径斜率 $\eta^{\text{ampl}} = 1/3$、$1/2$、1.0 条件下循环加载次数 $N = 10000$ 圈时对应的回弹模量 M_{r} 分别为 18.74 MPa、20.92 MPa、23.16 MPa。总之，经过多次循环加载后，回弹模量 M_{r} 随着循环应力比 I_{CSR} 的增大而减小；当 I_{CSR} 相同时，回弹模量 M_{r} 随着应力路径斜率 η^{ampl} 的增大而增大。以图 5-3(c)为例，当循环应力比 $I_{\text{CSR}} = 0.536$ 时，$P_{\text{OCR}} = 1.0$ 的饱和红黏土试样在应力路径斜率 $\eta^{\text{ampl}} = 1/3$ 时所对应的回弹模量 M_{r} 最小值为 21.91 MPa；而应力路径斜率 $\eta^{\text{ampl}} = 1.0$ 对应的回弹模量 M_{r} 最小值为 24.86 MPa，比 $\eta^{\text{ampl}} = 1/3$ 对应的回弹模量 M_{r} 增加了 13.5%。可见，土体的回弹模量 M_{r} 对应力路径斜率 η^{ampl} 的敏感性较大。

为了深入了解 $P_{\text{OCR}} = 1.0$ 的饱和红黏土的循环应力比 I_{CSR} 对回弹模量 M_{r} 的影响，将不同循环应力 I_{CSR} 条件下 $\eta^{\text{ampl}} = 1/3$ 对应的回弹模量 M_{r} 随循环加载次数 N 变化的发展曲线进行对比，如图 5-4 所示。由图可知，循环应力比 I_{CSR} 对回弹模量 M_{r} 发展规律的影响较低，但 I_{CSR} 对回弹模量 M_{r} 发展速率的影响显著。在循环加载开始阶段，I_{CSR} 越大时，$P_{\text{OCR}} = 1.0$ 的饱和红黏土对应的回弹模量 M_{r} 也越大；随着循环加载次数 N 的累加，I_{CSR} 越大，对应的回弹模量 M_{r} 下降速率也越大，当循环加载次数 $N = 10 \sim 50$ 圈时，I_{CSR} 越大，对应的回弹模

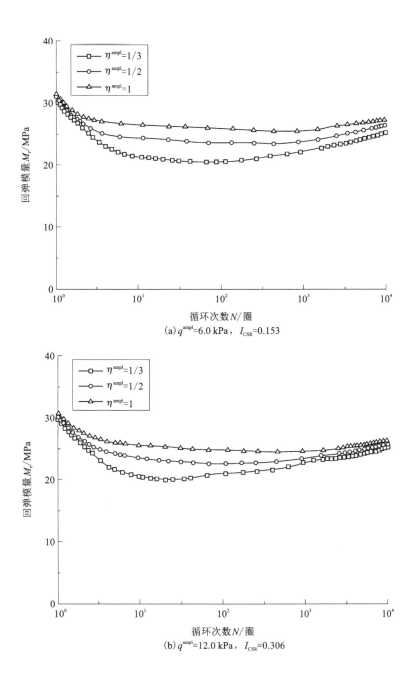

(a) q^{ampl}=6.0 kPa，I_{CSR}=0.153

(b) q^{ampl}=12.0 kPa，I_{CSR}=0.306

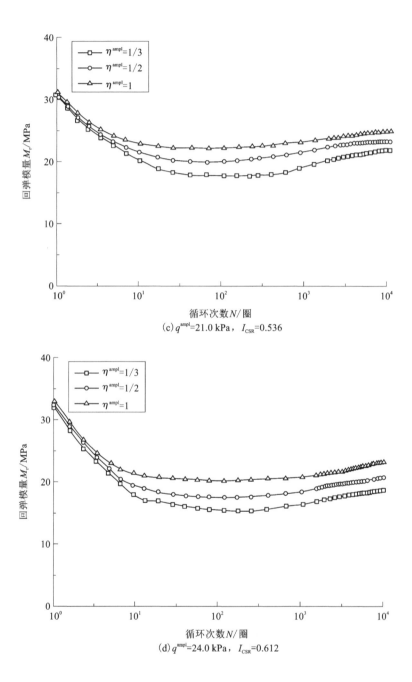

(c) q^{ampl}=21.0 kPa，I_{CSR}=0.536

(d) q^{ampl}=24.0 kPa，I_{CSR}=0.612

图5-3　饱和红黏土回弹模量随循环加载次数变化的发展曲线（$P_{\mathrm{OCR}}=1.0$）

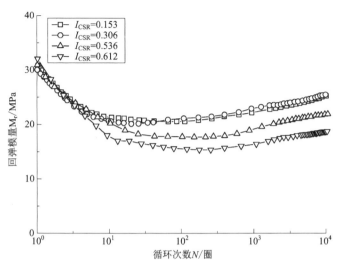

图 5-4　不同循环应变比饱和红黏土
在常围压应力路径下的回弹模量的发展曲线($P_{\text{OCR}} = 1.0$)

量 M_r 反而越小。这主要原因是 I_{CSR} 较大时，在较大的偏应力 q^{ampl} 作用下，循环加载初期阶段 $P_{\text{OCR}} = 1.0$ 的饱和红黏土试样存在较大的超孔隙水压力，导致回弹模量 M_r 迅速降低。例如：当循环应力比 $I_{\text{CSR}} = 0.612$ 时，在循环加载次数 $N < 50$ 圈的初始阶段，土体的孔隙水来不及排出，导致其孔压累积较大，同时其偏应力 q^{ampl} 较大，造成其回弹模量 M_r 较大，再随着循环加载次数 N 的持续累加，孔隙水在较大的偏应力作用下快速排出，土体的强度提升较快，造成回弹模量 M_r 迅速降低；而当循环应力比 $I_{\text{CSR}} = 0.306$、0.153 时，在循环加载次数 $N < 50$ 圈的初始阶段，回弹模量 M_r 的变化规律与 $I_{\text{CSR}} = 0.612$ 的类似，但 $I_{\text{CSR}} = 0.306$、0.153 对应的偏应力 q^{ampl} 较小，导致其回弹模量 M_r 下降速率较缓；经过多次循环加载后，$I_{\text{CSR}} = 0.612$ 时循环加载次数 $N = 10000$ 圈对应的回弹模量 M_r 小于 $I_{\text{CSR}} = 0.306$、0.153 时对应的回弹模量 M_r。

为了更深入地研究饱和红黏土的循环应力比 I_{CSR} 和应力路径斜率 η^{ampl} 对 $P_{\text{OCR}} = 1.0$ 的饱和红黏土的回弹模量 M_r 发展规律的影响，本节采用与第 4.3 节类似的处理方法。图 5-5 为 $P_{\text{OCR}} = 1.0$ 的饱和红黏土在 $\eta^{\text{ampl}} = 1/3$ 条件下循环加载次数 $N = 10000$ 圈时对应的回弹模量 M_r 与循环应力比 I_{CSR} 的关系。对其试

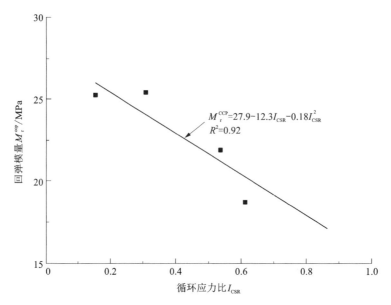

图 5-5　饱和红黏土的回弹模量 M_r 与 I_{CSR} 的关系曲线

（$P_{OCR}=1.0$，$\eta^{ampl}=1/3$，$N=10000$）

验结果进行数据拟合，建立拟合经验公式：

$$M_r^{CCP} = 27.9 - 12.3I_{CSR} - 0.18I_{CSR}^2 \qquad (5-3)$$

图 5-6 为不同循环应力比 I_{CSR} 条件下 $P_{OCR}=1.0$ 的饱和红黏土在循环加载次数 $N=10000$ 圈时 M_r^{vcp}/M_r^{CCP} 与应力路径斜率 η^{ampl} 的关系。其拟合经验公式如下：

$$\frac{M_r^{VCP}}{M_r^{CCP}} = 0.233\eta^{ampl} + 0.69 \qquad (5-4)$$

将式（5-3）代入式（5-4），得：

$$M_r = (0.233\eta^{ampl} + 0.69) \times (27.9 - 12.3I_{CSR} - 0.18I_{CSR}^2) \qquad (5-5)$$

可见，在部分排水条件下，式（5-5）能够针对应力路径下的饱和红黏土回弹模量进行拟合。但此公式是基于 $P_{OCR}=1.0$ 的饱和红黏土试验得出的，由于本书关于超固结比饱和红黏土的相关试验数据偏少，此公式没有考虑超固结比 P_{OCR} 的影响，需在后期的研究中针对超固结饱和红黏土进行针对性研究，根据试验结果对式(5-5)进行折减。同时，该公式仅对本书采用的 $P_{OCR}=1.0$ 的饱和红黏土经过多次循环加载后的回弹模量进行拟合，并不能模拟加载过程中回弹模量的变化情况。

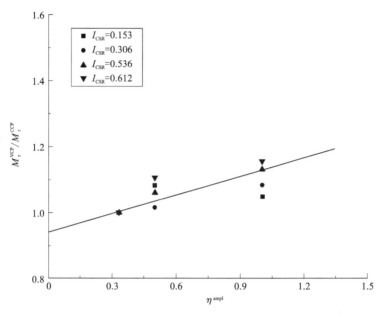

图 5-6　M_r^{vcp}/M_r^{CCP} 与 η^{ampl} 的关系曲线($N=10000$)

图 5-7 为循环应力比 $I_{CSR}=0.536$ 时 $P_{OCR}=2.0$、4.0 的饱和红黏土在不同应力路径下回弹模量 M_r 随循环加载次数 N 变化的发展曲线。可见，超固结比 P_{OCR} 对饱和红黏土的回弹模量 M_r 的发展规律的影响较小，但对回弹模量 M_r 的衰减速率及大小的影响显著。随着超固结比 P_{OCR} 的增大，回弹模量 M_r 衰减速率逐渐减缓，且持续时间较 $P_{OCR}=1.0$ 的饱和红黏土更短，这可能是由于超固结比 P_{OCR} 会影响饱和红黏土的孔隙率。

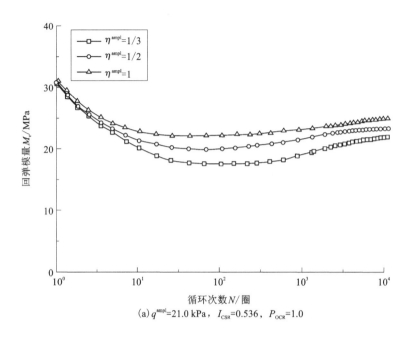

(a) q^{ampl}=21.0 kPa，I_{CSR}=0.536，P_{OCR}=1.0

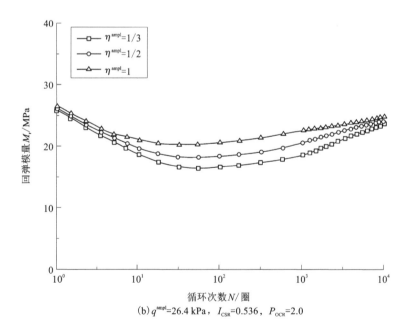

(b) q^{ampl}=26.4 kPa，I_{CSR}=0.536，P_{OCR}=2.0

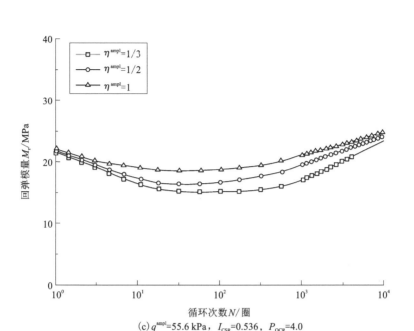

(c) q^{ampl}=55.6 kPa，I_{CSR}=0.536，P_{OCR}=4.0

**图 5-7 不同固结饱和红黏土在不同应力
路径下的回弹模量随循环加载次数变化的发展曲线**

5.4 永久体应变

图 5-8 为 P_{OCR}=1.0 的饱和红黏土在不同循环应力比 I_{CSR} 条件下永久体应变 ε_v^p 随循环加载次数 N 变化的发展曲线。可见，P_{OCR}=1.0 的饱和红黏土的永久体应变 ε_v^p 对 I_{CSR} 和 η^{ampl} 的敏感性较小。当循环加载次数 N<100 圈时，饱和红黏土试样的永久体应变 ε_v^p 的累积速率较缓，且随循环加载次数 N 的增加基本呈线性发展。当循环加载次数 N=300 圈左右时，永久体应变 ε_v^p 随着循环加载次数 N 变化的发展曲线出现拐点，且其累积速率随着循环加载次数 N 的增加而迅速增大。当循环加载次数 N>5000 后，虽然永久体应变 ε_v^p 持续增长，但其累积速率却逐渐减小。

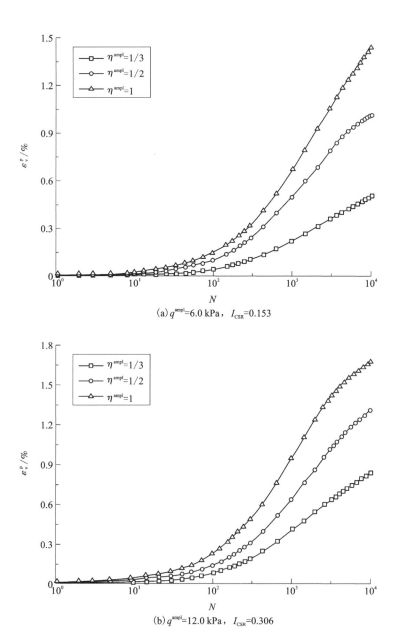

(a) q^{ampl}=6.0 kPa，I_{CSR}=0.153

(b) q^{ampl}=12.0 kPa，I_{CSR}=0.306

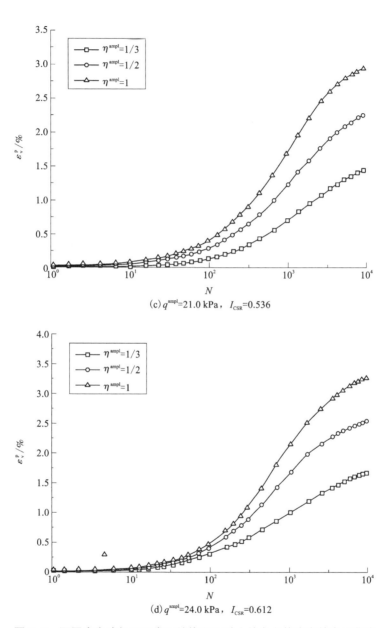

(c) $q^{\mathrm{ampl}}=21.0\ \mathrm{kPa}$，$I_{\mathrm{CSR}}=0.536$

(d) $q^{\mathrm{ampl}}=24.0\ \mathrm{kPa}$，$I_{\mathrm{CSR}}=0.612$

图 5-8　不同应力路径下正常固结饱和红黏土的永久体应变的发展曲线

当 I_{CSR} 相同时，在不同的应力路径斜率 η^{ampl} 条件下，应力路径斜率 η^{ampl} 对 $P_{OCR}=1.0$ 的饱和红黏土永久体应变 ε_v^p 的大小有较大影响，主要原因是应力路径斜率 η^{ampl} 对 $P_{OCR}=1.0$ 的饱和红黏土的孔隙水排水速率有较大影响。以循环应力 $q^{ampl}=21.0$ kPa、$I_{CSR}=0.536$ 为例，应力路径斜率 $\eta^{ampl}=1/3$、$1/2$、1.0 对应的 $P_{OCR}=1.0$ 的饱和红黏土在循环加载次数 $N=10000$ 圈时的永久体应变 ε_v^p 分别为 1.44%、2.25%、2.94%，应力路径斜率 $\eta^{ampl}=1.0$ 的永久体应变 ε_v^p 为应力路径斜率 $\eta^{ampl}=1/3$ 时的 2.05 倍。

图 5-9 为 $P_{OCR}=1.0$ 的饱和红黏土在不同的应力路径斜率 η^{ampl} 下循环加载次数 $N=10000$ 圈时 VCP 应力路径与 CCP 应力路径的永久体应变之比 $\varepsilon_v^p/\varepsilon_{v,CCP}^p$ 与 I_{CSR} 的关系。可见，当应力路径斜率 η^{ampl} 相同时，$\varepsilon_v^p/\varepsilon_{v,CCP}^p$ 与 I_{CSR} 基本呈线性关系，说明 $P_{OCR}=1.0$ 的饱和红黏土在 VCP 应力路径下永久体应变 ε_v^p 与 CCP 应力路径下永久体应变 $\varepsilon_{v,CCP}^p$ 呈线性发展。

图 5-10 为 $P_{OCR}=2.0$、4.0 的饱和红黏土在不同循环应力比 I_{CSR} 条件下永久体应变 ε_v^p 随循环加载次数 N 变化的发展曲线。可见，应力路径斜率 η^{ampl} 对 $P_{OCR}=2.0$、4.0 的饱和红黏土永久体应变 ε_v^p 的发展规律影响较大；当应力路径斜率 η^{ampl} 相同时，超固结比 P_{OCR} 对土体永久体应变 ε_v^p 的发展规律影响较小。将图 5-10 与图 5-8(c)进行对比分析：$P_{OCR}=2.0$、4.0 的饱和红黏土在应力路径斜率 $\eta^{ampl}=1/3$ 时对应的永久体应变 ε_v^p 随循环加载次数 N 的变化呈线性发展，且永久体应变 ε_v^p 的变化较小，几乎无体应变发生，这与 $P_{OCR}=1.0$ 对应的 ε_v^p 发展曲线有明显区别；而应力路径斜率 $\eta^{ampl}=1/2$、1.0 对应的永久体应变 ε_v^p 随循环加载次数 N 变化的永久体应变 ε_v^p 发展规律与 $P_{OCR}=1.0$ 的饱和红黏土的发展规律基本类似。

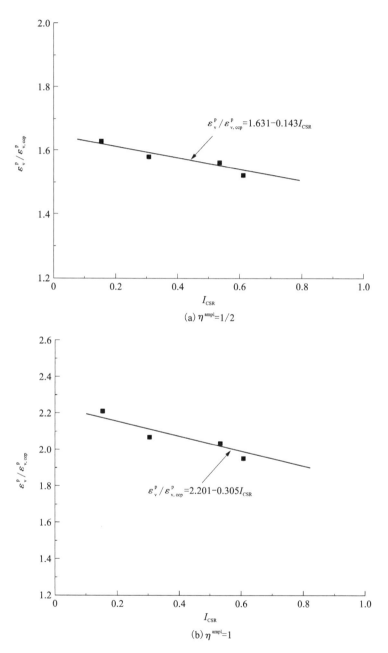

(a) $\eta^{\text{ampl}}=1/2$

(b) $\eta^{\text{ampl}}=1$

图 5-9　$\varepsilon_{\text{v}}^{\text{p}}/\varepsilon_{\text{v, CCP}}^{\text{p}}$ 与 I_{CSR} 的关系曲线($P_{\text{OCR}}=1.0$)

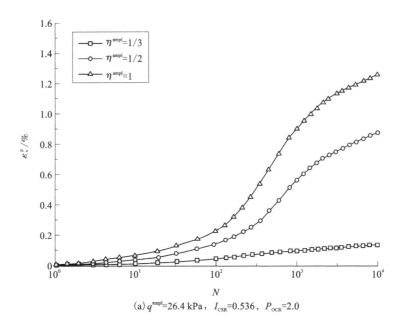

(a) q^{ampl}=26.4 kPa，I_{CSR}=0.536，P_{OCR}=2.0

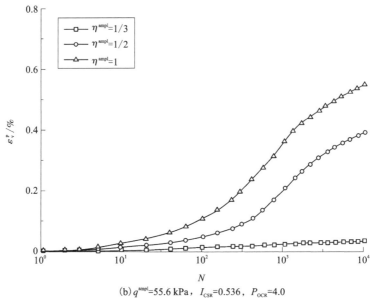

(b) q^{ampl}=55.6 kPa，I_{CSR}=0.536，P_{OCR}=4.0

**图 5-10　不同应力路径下超固结饱和
红黏土的永久体应变的发展曲线（P_{OCR} = 2.0、4.0）**

5.5　永久轴向应变

$P_{OCR} = 1.0$ 的饱和红黏土永久轴向应变 ε_a^p 随循环加载次数 N 变化的发展曲线如图 5-11 所示。可见，对于 $P_{OCR} = 1.0$ 的饱和红黏土，虽然应力路径斜率 η^{ampl} 不同，但永久轴向应变 ε_a^p 的发展规律基本类似，均由线性发展转为非线性发展，永久轴向应变 ε_a^p 累积速率表现为由迅速增加到逐渐减小。在循环加载次数 $N < 100$ 圈时，永久轴向应变 ε_a^p 随循环加载次数 N 的变化基本呈线性发展，累积速率呈线性增长趋势。当循环加载次数 $N = 100 \sim 300$ 圈时，ε_a^p 随着循环加载次数 N 的发展曲线出现拐点，且随着循环加载次数 N 的累加，永久轴向应变 ε_a^p 呈非线性发展，累积速率迅速增加。当循环加载次数 $N > 5000$ 圈后，虽然 ε_a^p 持续增长，但其累积速率逐渐减小。以 $q^{ampl} = 12.0$ kPa、$I_{CSR} = 0.306$ 为例，应力路径斜率 $\eta^{ampl} = 1/3$、$1/2$、1.0 时，循环加载次数 $N = 10000$ 圈时对应的永久轴向应变 ε_a^p 分别为 1.09%、1.83%、2.39%，循环加载次数 $N = 10000$ 圈时对应的应力路径斜率 $\eta^{ampl} = 1.0$ 对应的 ε_a^p 为应力路径斜率 $\eta^{ampl} = 1/3$ 时的 2.19 倍。可见，当 $P_{OCR} = 1.0$ 时，应力路径斜率 η^{ampl} 对永久轴向应变 ε_a^p 的发展影响显著，主要原因是饱和红黏土的孔隙水排出速率。

理论上，不同土体的永久轴向应变 ε_a^p 均由剪切应变和体应变两部分组成。将图 5-11 与图 5-8 进行对比可发现，对于 $P_{OCR} = 1.0$ 的饱和红黏土，其永久体应变 ε_v^p 的发展规律和永久轴向应变 ε_a^p 的基本类似。在交通循环荷载作用下，饱和红黏土同时受到体应变引起的轴向应变和剪切应变引起的轴向应变的影响，两者之间是耦合作用而不是单独作用，且在部分排水条件下，很难用一个方程式对饱和红黏土永久轴向应变的累积进行描述。

图 5-12 为 $P_{OCR} = 1.0$ 的饱和红黏土在循环加载次数 $N = 10000$ 圈时对应的 VCP 应力路径的永久轴向应变与 CCP 应力路径的永久轴向应变之比 $\varepsilon_a^p / \varepsilon_{a,CCP}^p$ 与循环应力比 I_{CSR} 的关系。可见，当应力路径斜率 η^{ampl} 相同时，永久轴向应变之比 $\varepsilon_a^p / \varepsilon_{a,CCP}^p$ 与循环应力比 I_{CSR} 基本呈线性发展；随着循环应力比 I_{CSR} 的增大，永久轴向应变之比 $\varepsilon_a^p / \varepsilon_{a,CCP}^p$ 基本呈线性减小趋势。

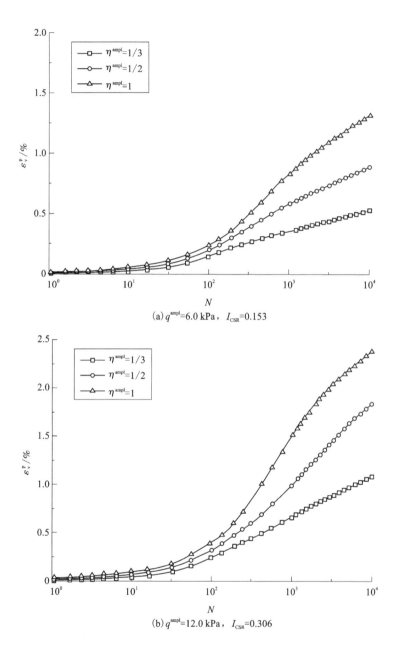

(a) q^{ampl}=6.0 kPa，I_{CSR}=0.153

(b) q^{ampl}=12.0 kPa，I_{CSR}=0.306

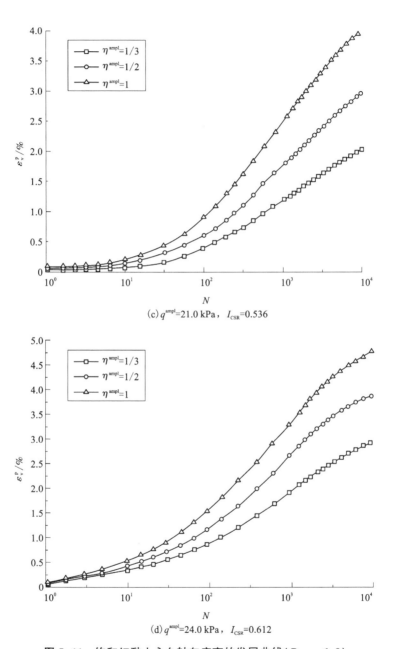

(c) q^{ampl}=21.0 kPa，I_{CSR}=0.536

(d) q^{ampl}=24.0 kPa，I_{CSR}=0.612

图 5-11 饱和红黏土永久轴向应变的发展曲线（$P_{\text{OCR}}=1.0$）

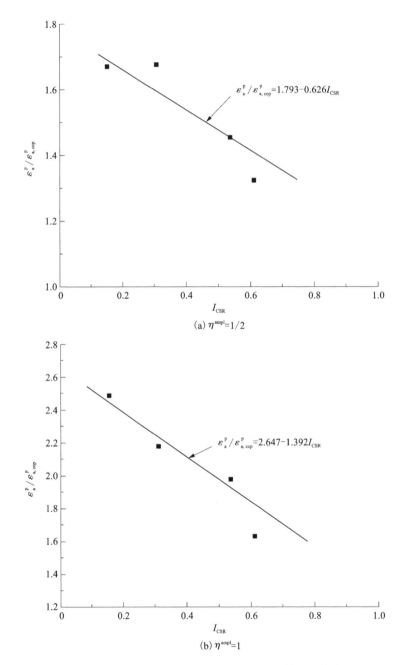

(a) $\eta^{ampl}=1/2$

(b) $\eta^{ampl}=1$

图 5-12　不同应力路径下饱和红黏土 $\varepsilon_a^p / \varepsilon_{a,\,CCP}^p$ 与 I_{CSR} 的关系曲线（$P_{OCR}=1.0$）

$P_{\mathrm{OCR}}=2.0$、4.0 的饱和红黏土的永久轴向应变 $\varepsilon_{\mathrm{a}}^{\mathrm{p}}$ 随循环加载次数 N 变化的发展曲线如图 5-13 所示。可见，应力路径斜率 η^{ampl} 对超固结饱和红黏土永久轴向应变 $\varepsilon_{\mathrm{a}}^{\mathrm{p}}$ 发展规律影响显著。当应力路径斜率 $\eta^{\mathrm{ampl}}=1/2$、1.0 时，$\varepsilon_{\mathrm{a}}^{\mathrm{p}}$ 随循环加载次数 N 的变化呈非线性发展，其永久轴向应变 $\varepsilon_{\mathrm{a}}^{\mathrm{p}}$ 累积速率随着循环加载次数 N 的增加表现为先缓慢后急剧增大，最后逐渐减小的过程。当应力路

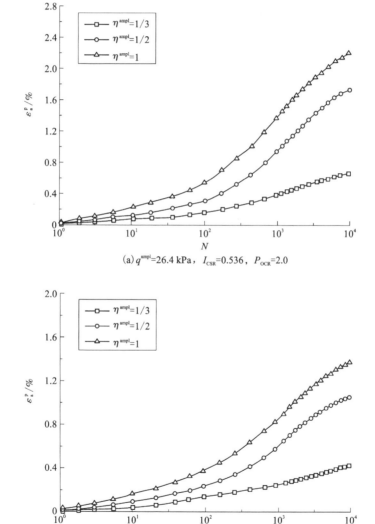

(a) $q^{\mathrm{ampl}}=26.4\ \mathrm{kPa}$，$I_{\mathrm{CSR}}=0.536$，$P_{\mathrm{OCR}}=2.0$

(b) $q^{\mathrm{ampl}}=55.6\ \mathrm{kPa}$，$I_{\mathrm{CSR}}=0.536$，$P_{\mathrm{OCR}}=4.0$

图 5-13　饱和红黏土永久轴向应变的发展曲线（$P_{\mathrm{OCR}}=2.0$、4.0）

径斜率 $\eta^{\mathrm{ampl}} = 1/3$ 时，永久轴向应变 $\varepsilon_{\mathrm{a}}^{\mathrm{p}}$ 随循环加载次数 N 的变化呈线性发展，且循环加载次数 $N = 10000$ 圈时永久轴向应变 $\varepsilon_{\mathrm{a}}^{\mathrm{p}}$ 与 $\eta^{\mathrm{ampl}} = 1/2$、1 对应的 $\varepsilon_{\mathrm{a}}^{\mathrm{p}}$ 相比，$\eta^{\mathrm{ampl}} = 1/3$ 对应的永久轴向应变 $\varepsilon_{\mathrm{a}}^{\mathrm{p}}$ 明显较小。

将图 5-13 与图 5-11(c) 进行对比分析：当应力路径斜率 $\eta^{\mathrm{ampl}} = 1/2$、1.0 时，$P_{\mathrm{OCR}} = 2.0$、4.0 的饱和红黏土的永久轴向应变 $\varepsilon_{\mathrm{a}}^{\mathrm{p}}$ 随着循环加载次数 N 变化的发展规律与 $P_{\mathrm{OCR}} = 1.0$ 的饱和红黏土的发展规律基本类似，经过多次循环加载后，永久轴向应变 $\varepsilon_{\mathrm{a}}^{\mathrm{p}}$ 随着超固结比 P_{OCR} 的增大而减小；当应力路径斜率 $\eta^{\mathrm{ampl}} = 1/3$ 时，$P_{\mathrm{OCR}} = 2.0$、4.0 的饱和红黏土的 $\varepsilon_{\mathrm{a}}^{\mathrm{p}}$ 随着循环加载次数 N 的变化呈线性发展，这与 $P_{\mathrm{OCR}} = 1.0$ 的饱和红黏土的发展规律有明显区别。总之，饱和红黏土永久轴向应变的累积与应力历史、应力路径有关，超固结比 P_{OCR} 对饱和红黏土永久轴向应变的变化规律影响显著。在工程实践中，应根据红黏土土体的固结度对其沉降变形进行预判。

5.6 滞回曲线

图 5-14 为 $P_{\mathrm{OCR}} = 1.0$ 的饱和红黏土在不同循环应力比 I_{CSR} 和应力路径斜率 η^{ampl} 下的应力-应变滞回曲线。由于是多次循环加载试验，为了提高滞回圈曲线的清晰性，采用与第 4.2.3 节同样的处理方式，选用部分有代表性的滞回圈进行对比分析，循环加载次数分别为 1~50 圈、150~200 圈、500 圈、2000 圈、5000~10000 圈。可见，I_{CSR} 及应力路径斜率 η^{ampl} 对轴向应变 $\varepsilon_{\mathrm{a}}^{\mathrm{p}}$ 大小、累积速率、单个滞回圈的面积和形状影响显著，但对应力-应变滞回曲线的发展规律影响较小。

将图 5-14 与图 4-13 进行对比分析：当 $P_{\mathrm{OCR}} = 1.0$ 的饱和红黏土在循环加载次数 $N > 2000$ 圈后，部分排水条件下每一次循环加载形成的滞回圈都更陡，同时每一次循环加载所形成的滞回圈包围的面积比不排水条件下相同循环次数所对应的滞回圈面积更小，且轴向应变 $\varepsilon_{\mathrm{a}}^{\mathrm{p}}$ 的发展速率有明显区别。以 $I_{\mathrm{CSR}} = 0.536$、应力路径斜率 $\eta^{\mathrm{ampl}} = 1/2$ 为例，图 4-13(e) 所示 $P_{\mathrm{OCR}} = 1.0$ 的饱和红黏土在不排水条件下循环加载次数 $N = 150~200$ 圈时的轴向应变 $\varepsilon_{\mathrm{a}}^{\mathrm{p}}$ 为 0.25%，占总应变的 54%；而图 5-14(h) 所示 $P_{\mathrm{OCR}} = 1.0$ 的饱和红黏土在循环加载次数

$N = 150 \sim 200$ 圈时对应的轴向应变 ε_a^p 为 0.61%，占总应变的 21.7%。可见，与不排水条件下相比，部分排水能加大 $P_{OCR} = 1.0$ 的饱和红黏土的总应变，且对土体的轴向应变累积速率有较人影响。

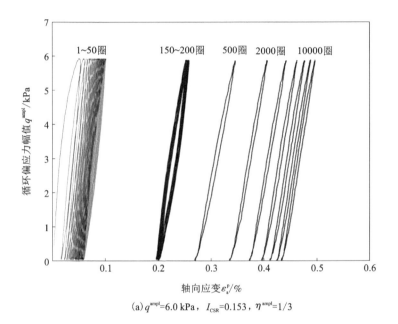

(a) $q^{ampl} = 6.0$ kPa，$I_{CSR} = 0.153$，$\eta^{ampl} = 1/3$

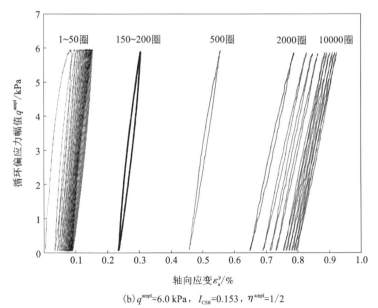

(b) $q^{ampl} = 6.0$ kPa，$I_{CSR} = 0.153$，$\eta^{ampl} = 1/2$

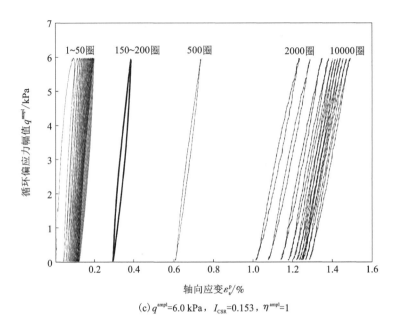

(c) q^{ampl}=6.0 kPa，I_{CSR}=0.153，η^{ampl}=1

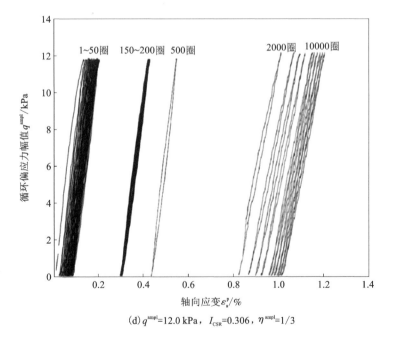

(d) q^{ampl}=12.0 kPa，I_{CSR}=0.306，η^{ampl}=1/3

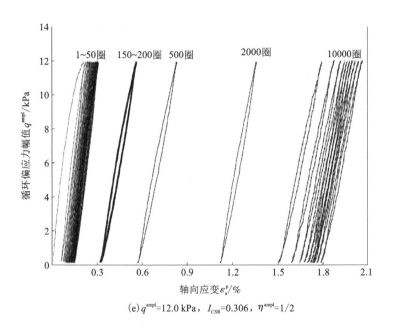

(e) q^{ampl}=12.0 kPa，I_{CSR}=0.306，η^{ampl}=1/2

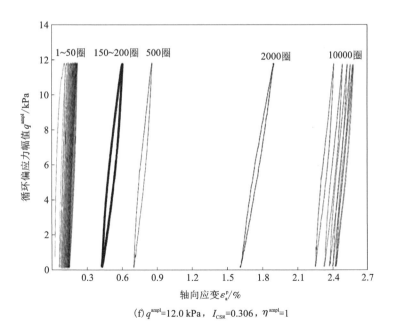

(f) q^{ampl}=12.0 kPa，I_{CSR}=0.306，η^{ampl}=1

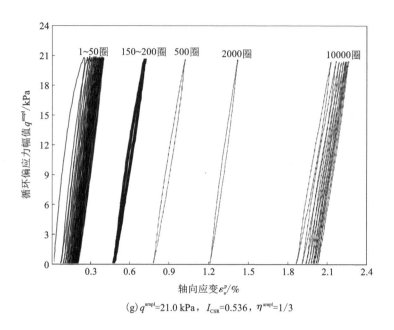

(g) q^{ampl}=21.0 kPa，I_{CSR}=0.536，η^{ampl}=1/3

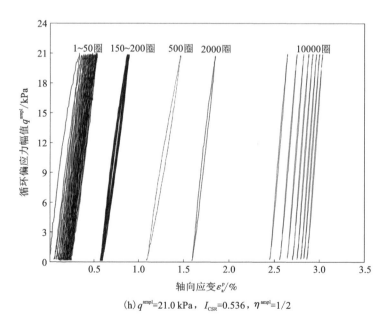

(h) q^{ampl}=21.0 kPa，I_{CSR}=0.536，η^{ampl}=1/2

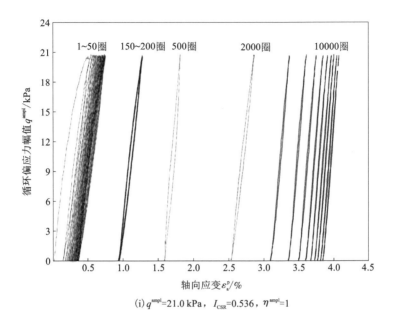

(i) q^{ampl}=21.0 kPa，I_{CSR}=0.536，η^{ampl}=1

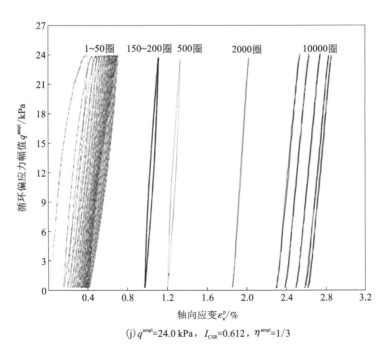

(j) q^{ampl}=24.0 kPa，I_{CSR}=0.612，η^{ampl}=1/3

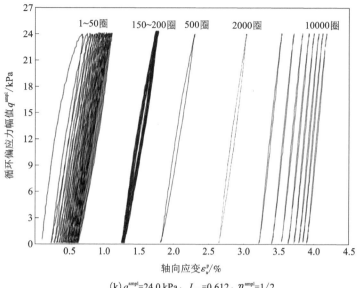

(k) q^{ampl}=24.0 kPa， I_{CSR}=0.612， η^{ampl}=1/2

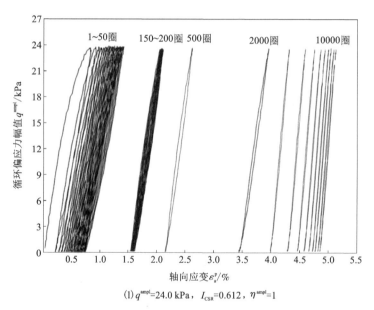

(l) q^{ampl}=24.0 kPa， I_{CSR}=0.612， η^{ampl}=1

图5-14　饱和红黏土在不同应力路径下的应力-应变滞回曲线(P_{OCR}=1.0)

在部分排水条件下，P_{OCR}=1.0的饱和红黏土单个滞回圈所包围的面积和斜率随着循环加载次数N的增加均呈现出一定规律的变化。以I_{CSR}=0.536、应力路径斜率η^{ampl}=1/2为例，为了便于分析，省略每一个滞回圈所对应的竖向累积应变，使得每一个滞回圈均从原点出发，本书得到的滞回圈发展曲线如图 5-15 所示。当循环加载次数 $N = 10 \sim 200$ 圈时，随着循环加载次数 N 的增加，滞回圈逐渐拉长且向右移动；当循环加载次数 $N = 500$ 圈时，滞回圈向左移动，且其所包围的面积更小；随着循环加载次数的持续增加，循环加载次数 $N = 10000$ 圈时滞回圈所包围的面积越小，其滞回曲线斜率越陡。可见，$P_{OCR} = 1.0$ 的饱和红黏土滞回圈的表现特征与孔压发展规律是相呼应的。在循环加载初期阶段，土体中孔隙水排出不及时，孔压快速增长，土体的有效应力迅速降低，此时所对应的土体回弹变形较大；随着循环加载次数的增加，土体孔隙水逐渐消散，孔压减小和有效应力的增大，土体强度逐渐增强，都导致其滞回曲圈的面积缩小，土体的回弹变形减小。

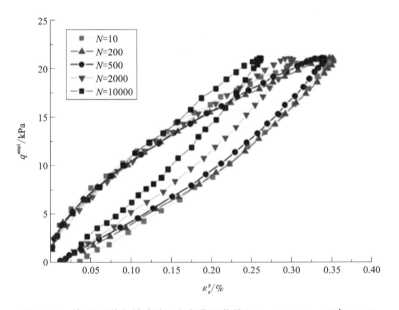

图 5-15　饱和红黏土的应力-应变滞回曲线 ($I_{CSR} = 0.536$, $\eta^{ampl} = 1/2$)

图 5-16 为 $P_{OCR} = 2.0$、4.0 的饱和红黏土在不同应力路径下的应力-应变滞回曲线。将图 5-16 与图 5-14(g) ~ (i) 进行对比分析；与 $P_{OCR} = 1.0$ 的饱和红黏土相比，$P_{OCR} = 2.0$、4.0 的饱和红黏土由于土体密实度增大和土体中孔隙水压力降低，在部分排水条件下进行交通循环加载时土体的排水量较少，最终造成了其轴向应变减小。对于 $P_{OCR} = 2.0$、4.0 的饱和红黏土，当应力路径斜率

$\eta^{\text{ampl}} = 1/3$ 时，试样超孔压较小，故产生的体应变很少，几乎忽略不计，其应力–应变滞回曲线与不排水条件下应力路径斜率 $\eta^{\text{ampl}} = 1/3$ 时的应力–应变滞回曲线的发展规律基本类似；当应力路径斜率 $\eta^{\text{ampl}} = 1/2$、1.0 时，其应力–应变滞回曲线发展规律与 $P_{\text{OCR}} = 1.0$ 的饱和红黏土对应的累积规律基本类似。

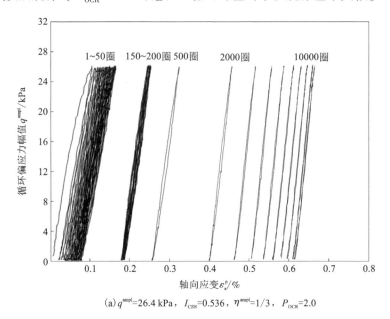

(a) $q^{\text{ampl}} = 26.4 \text{ kPa}$，$I_{\text{CSR}} = 0.536$，$\eta^{\text{ampl}} = 1/3$，$P_{\text{OCR}} = 2.0$

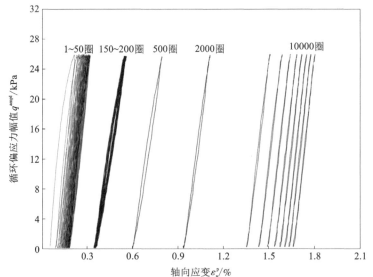

(b) $q^{\text{ampl}} = 26.4 \text{ kPa}$，$I_{\text{CSR}} = 0.536$，$\eta^{\text{ampl}} = 1/2$，$P_{\text{OCR}} = 2.0$

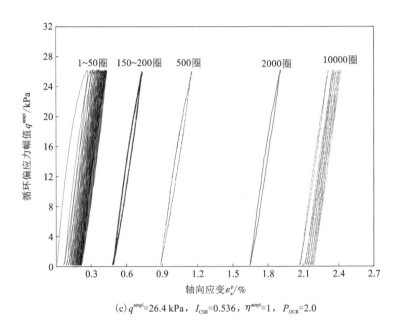

(c) q^{ampl}=26.4 kPa，I_{CSR}=0.536，η^{ampl}=1，P_{OCR}=2.0

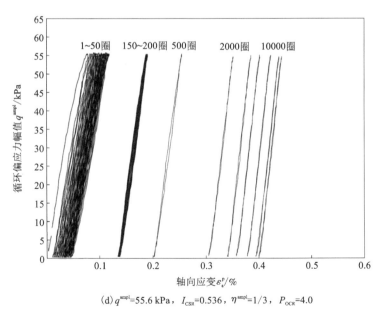

(d) q^{ampl}=55.6 kPa，I_{CSR}=0.536，η^{ampl}=1/3，P_{OCR}=4.0

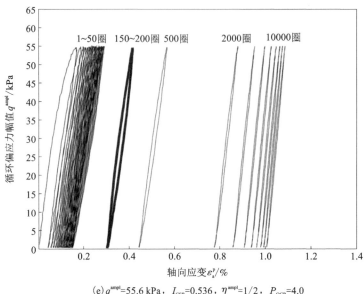

(e) q^{ampl}=55.6 kPa, I_{CSR}=0.536, η^{ampl}=1/2, P_{OCR}=4.0

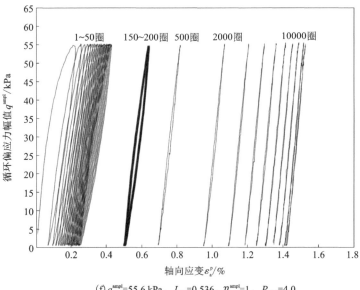

(f) q^{ampl}=55.6 kPa, I_{CSR}=0.536, η^{ampl}=1, P_{OCR}=4.0

图 5-16 超固结饱和红黏土不同应力路径下的
应力-应变滞回曲线（P_{OCR} = 2.0、4.0）

5.7　本章小结

本章通过对不同固结比饱和红黏土进行部分排水单向循环加载试验，探讨循环应力比 I_{CSR} 和应力路径斜率 η^{ampl} 对饱和红黏土动力特性的影响，得到下结论。

（1）根据 $P_{OCR}=1.0$ 的饱和红黏土孔压发展规律，对其孔压发展曲线进行公式拟合，能够较好地对本书所采用的 $P_{OCR}=1.0$ 的饱和红黏土在不同应力路径下的孔压发展进行预测。

（2）循环应力比对常围压应力路径下 $P_{OCR}=1.0$ 的饱和红黏土的回弹模量发展速率影响显著。在循环加载初期阶段，循环应力比越大，其回弹模量衰减速率越大，当循环加载次数 $N=10\sim50$ 圈时，循环应力比越大的饱和红黏土对应的回弹模量反而越小，这主要与饱和红黏土中存在较大的超孔隙水压力有关。

（3）$P_{OCR}=1.0$ 的饱和红黏土在不同应力路径下的回弹模量表现为先衰减后增长或保持稳定的发展规律，这与不排水条件下正常固结饱和红黏土的回弹模量发展规律有明显区别。考虑应力路径和循环围压耦合作用，建立部分排水回弹模量拟合公式，对本书所采用的 $P_{OCR}=1.0$ 的饱和红黏土进行回弹模量预测，但在工程实践中，由于应力历史，红黏土的地基固结度不同，考虑到饱和红黏土的超固结性，需对此公式的拟合结果进行折减，而折减系数要后续进行研究。

（4）超固结比 P_{OCR} 对饱和红黏土永久轴向应变的发展规律影响显著，发展规律均由线性增长发展为非线性增长，发展速率则由缓慢增长发展为快速增长，最后逐渐减小的过程。$P_{OCR}=2.0$、4.0 的饱和红黏土在应力路径斜率 $\eta^{ampl}=1/3$ 时对应的永久轴向应变基本呈线性增长。在工程实践中，结合固结度和加载形式，上述规律能对饱和红黏土沉降变形的预判及地基处理措施提供一定的帮助。

第6章

交通循环荷载作用下饱和红黏土动本构模型研究

随着对道路工程等构筑物由交通荷载作用引起的土体沉降变形预测精度要求越来越高，除通过现有的室内模拟试验和现场试验对赣南地区饱和红黏土在不同排水条件及不同应力路径下进行变形特性研究之外，还需通过构建能够准确表征赣南地区饱和红黏土变形特征的动本构模型，完善赣南地区饱和红黏土分析的理论基础，这也是解决相关工程的迫切应用需求之一。

近年来，土力学与岩土工程的研究及分析进入了精细化和准确化阶段，构建能够准确反映赣南地区饱和红黏土真实动力特性的本构模型是一个重要课题。前文的相关试验研究结果表明，赣南地区饱和红黏土在交通循环荷载作用下的力学响应与排水条件、应力路径和应力历史等密切相关。赣南地区饱和红黏土在交通循环荷载作用下，其变形特性表现出应变累积、非线性和滞回性等特点，采用传统的静力本构模型显然难以表征其力学性能。目前，国内外众多学者针对饱和黏土的动力特性展开了大量的理论研究，取得了较为丰富的研究成果，为赣南地区饱和红黏土的动本构模型研究提供了参考。

到目前为止，关于饱和黏性土动本构模型的研究成果大致可以分为以下四类：①以 Maxwell 模型、Kelvin 模型、Bingham-Kelvin 模型等为代表的黏弹性模型与塑性单元串并联建立考虑黏滞效应的动本构模型；②非线性弹性模型，如 Hardin 等在研究软黏土变形特性曲线的基础上，采用 Masing 二倍法拟合得到能够表征循环荷载滞回曲线特征的非线性弹性本构方程；③等效黏弹线性模型，如 Martin-Finn-Seed 模型，旨在建立剪切模量与剪应变的关系以及阻尼比与剪应变的关系，该模型已广泛应用于地震工程等领域；④弹塑性动本构模型，在典型的弹塑性动本构方程基础上，联合边界面模型，建立弹塑性本构模型，其本质为通过对硬化模量场进行改变,来实现软黏土的力学性能。

针对饱和红黏土的应力-应变关系具有滞回性、非线性以及应变累积等特点,同时,饱和红黏土在交通循环荷载作用下的变形特性受排水条件、初始固结比和应力历史等参数的影响,本章基于修正剑桥模型理论,考虑排水条件对饱和红黏土动力特性的影响,修正了弹性增量和塑性增量方程、边界面方程和非线性运动硬化法则,建立了能够反映排水条件、初始固结状态及应力历史影响的动本构模型。另外,本章还在此基础上对本构模型中的饱和红黏土参数进行标定,并分析这些参数对本构模型的敏感性。

6.1 饱和红黏土动本构模型

6.1.1 增量应力-应变关系

根据连续介质力学的理论,应力和应变可采用张量形式表征,对于土体而言,其抗拉性能几乎为0,因此假设压应力为正,拉应力为负。根据太沙基有效应力原理,总应力可表示如下:

$$\sigma_{ij} = \sigma'_{ij} + u\delta_{ij} \tag{6-1}$$

式中:σ_{ij} 为总应力张量;σ'_{ij} 为有效应力张量;u 为孔隙水压力;δ_{ij} 为 Kronecker delta 符号。

以土体中的任意一点为对象,基于弹塑性增量理论,应变增量 $d\varepsilon_{ij}$ 可由弹性应变增量 $d\varepsilon^e_{ij}$ 和塑性应变增量 $d\varepsilon^p_{ij}$ 两部分组成:

$$d\varepsilon_{ij} = d\varepsilon^e_{ij} + d\varepsilon^p_{ij} \tag{6-2}$$

应用广义胡克定律对土体弹性部分的应力-应变关系进行描述:

$$\begin{cases} \varepsilon^e_x = \dfrac{\sigma'_x}{E} - \dfrac{v}{E}(\sigma'_y + \sigma'_z), \ \varepsilon^e_y = \dfrac{\sigma'_y}{E} - \dfrac{v}{E}(\sigma'_x + \sigma'_z), \ \varepsilon^e_z = \dfrac{\sigma'_z}{E} - \dfrac{v}{E}(\sigma'_x + \sigma'_y) \\[2mm] \varepsilon^e_{xy} = \varepsilon^e_{yx} = \dfrac{\tau'_{xy}}{2G}, \ \varepsilon^e_{xz} = \varepsilon^e_{zx} = \dfrac{\tau'_{zx}}{2G}, \ \varepsilon^e_{yz} = \varepsilon^e_{zy} = \dfrac{\tau'_{yz}}{2G} \end{cases} \tag{6-3}$$

式中:剪切模量定义为 $G = E/(2(1+v))$;v 为泊松比;体积模量定义为 $K = E/[3(1-2v)]$。

在一般情况下,应力张量 σ_{ij} 由体积应力张量 $\sigma_m\delta_{ij}$ 和斜偏应力张量 s_{ij} 组成，其表达式如下所示：

$$s_{ij} = \sigma_{ij} - \sigma_m \delta_{ij} = \begin{cases} s_x & \tau_{xy} & \tau_{xz} \\ \tau_{yx} & s_y & \tau_{yz} \\ \tau_{zx} & \tau_{zy} & s_z \end{cases} \tag{6-4}$$

式中：s_{ij} 为偏斜应力张量；σ_m 为平均应力。

与应力张量类似，应变张量 ε_{ij} 由体积应变张量 $\varepsilon_m \delta_{ij}$ 和斜偏应变张量 e_{ij} 组成，其表达式如下所示：

$$e_{ij} = \varepsilon_{ij} - \varepsilon_m \delta_{ij} = \begin{bmatrix} e_x & \dfrac{1}{2}\gamma_{xy} & \dfrac{1}{2}\gamma_{xz} \\ \dfrac{1}{2}\gamma_{yx} & e_y & \dfrac{1}{2}\gamma_{yz} \\ \dfrac{1}{2}\gamma_{zx} & \dfrac{1}{2}\gamma_{zy} & e_z \end{bmatrix} \tag{6-5}$$

式中：ε_{ij} 为应变张量；e_{ij} 为斜偏应变张量；γ_{ij} 为剪应变。

对于三轴应力状态，应力-应变关系在 p'-q' 平面上做如下转换：

$$\begin{cases} p' = \dfrac{1}{3}(\sigma_1' + \sigma_2' + \sigma_3') = \dfrac{1}{3}(\sigma_x' + \sigma_y' + \sigma_z') \\[2mm] q' = \sqrt{\dfrac{3}{2}s_{ij}s_{ij}} = \dfrac{1}{\sqrt{2}}[(\sigma_1' - \sigma_2')^2 + (\sigma_2' - \sigma_3')^2 + (\sigma_3' - \sigma_1')^2] \\[2mm] \varepsilon_v = \varepsilon_1 + \varepsilon_2 + \varepsilon_3 = \varepsilon_x + \varepsilon_y + \varepsilon_z \\[2mm] \varepsilon_q = \dfrac{\sqrt{2}}{3}[(\varepsilon_1 - \varepsilon_2)^2 + (\varepsilon_2 - \varepsilon_3)^2 + (\varepsilon_3 - \varepsilon_1)^2]^{\frac{1}{2}} \end{cases} \tag{6-6}$$

式中：p' 为有效体积应力；q 为广义剪应力，由于水不产生剪切应力，有效剪切应力 $q' = q$；ε_v 为体积应变；ε_q 为广义剪应变；σ_1'、σ_2'、σ_3' 分别为第一、第二和第三主应力；ε_1、ε_2 和 ε_3 分别为第一、第二和第三主应变。

在弹塑性分析中，体积应变 ε_v 和广义剪切应变 ε_q 可分别由弹性和塑性两部分之和组成：

$$\begin{cases} \varepsilon_v = \varepsilon_v^e + \varepsilon_v^p \\[2mm] \varepsilon_q = \varepsilon_q^e + \varepsilon_q^p \end{cases} \tag{6-7}$$

式中：上角标 e 为弹性；上角标 p 为塑性。

在三轴等围压作用下，以加载方向为 x 轴，于是有 $\varepsilon_y^e = \varepsilon_z^e$、$\sigma_y' = \sigma_z'$ 及 $\varepsilon_{xy}^e = \varepsilon_{xz}^e =$

$\varepsilon_{yz}^{e}=0$，因此，弹性体积应变 ε_{v}^{e} 可表示如下：

$$\varepsilon_{v}^{e}=\varepsilon_{x}^{e}+2\varepsilon_{z}^{e} \tag{6-8}$$

式(6-3)和式(6-8)联立可得：

$$\varepsilon_{v}^{e}=\frac{(1-2v)}{E}(\sigma_{x}+2\sigma_{z}) \tag{6-9}$$

因此，弹性体积应变增量 $\mathrm{d}\varepsilon_{v}^{e}$ 可表示如下：

$$\mathrm{d}\varepsilon_{v}^{e}=\frac{3(1-2v)}{E}\mathrm{d}p'=\frac{\mathrm{d}p'}{K} \tag{6-10}$$

根据固结理论，体积模量与孔隙比之间存在如下关系：

$$K=(1+e_{0})\frac{p'}{\kappa} \tag{6-11}$$

式中：κ 为正常固结状态下 $e-\ln p'$ 回弹曲线的斜率。

有效体积应力 p' 与总体积应力 p 之间存在如下关系：

$$p'=p-u \tag{6-12}$$

于是，考虑孔隙水压力的体积应变增量 $\mathrm{d}\varepsilon_{v}^{e}$ 和广义剪应变增量 $\mathrm{d}\varepsilon_{q}^{e}$ 可表示如下：

$$\mathrm{d}\varepsilon_{v}^{e}=\frac{\mathrm{d}p'}{(1+e_{0})\dfrac{p'}{\kappa}}=\frac{\mathrm{d}(p-u)}{(1+e_{0})\dfrac{(p-u)}{\kappa}} \tag{6-13}$$

$$\mathrm{d}\varepsilon_{q}^{e}=\frac{2(1+v)}{3E}\mathrm{d}q' \tag{6-14}$$

在三维应力-应变空间中，可得下式：

$$\sigma_{ij}'=s_{ij}+p'\delta_{ij} \tag{6-15}$$

$$\varepsilon_{ij}=e_{ij}+\varepsilon_{m}\delta_{ij} \tag{6-16}$$

$$\varepsilon_{m}=\frac{1}{3}(\varepsilon_{1}+\varepsilon_{2}+\varepsilon_{3})=\frac{1}{3}\varepsilon_{v} \tag{6-17}$$

式中：ε_{m} 为平均应变。

则三维弹性应力-应变关系可表示如下：

$$\begin{cases}\mathrm{d}\varepsilon_{m}^{e}=\dfrac{\mathrm{d}(p-u)}{3(1+e_{0})(p-u)/\kappa}\\[4mm]\mathrm{d}e_{ij}^{e}=\dfrac{\mathrm{d}s_{ij}}{2G}\end{cases} \tag{6-18}$$

式中：$\mathrm{d}\varepsilon_{\mathrm{m}}^{e}$ 为弹性平均应变增量；$\mathrm{d}e_{ij}^{e}$ 为偏斜应变增量。

对于塑性部分，依据边界面方程和非关联流动假定，具体见第 6.1.3 节，塑性应变增量可表示如下：

$$\mathrm{d}\varepsilon_{ij}^{\mathrm{p}}=\mathrm{d}\lambda'\frac{\partial f(p',\ \eta,\ \varepsilon_{\mathrm{v}}^{\mathrm{p}})}{\partial\sigma_{ij}}\tag{6-19}$$

式中：$f(p',\ \eta,\ \varepsilon_{\mathrm{v}}^{\mathrm{p}})$ 为边界面方程；$\mathrm{d}\lambda'$ 为非负的比例系数；η 为应力路径斜率，$\eta=q'/p'$。

在 $p'-q'$ 应力空间中，$\mathrm{d}\varepsilon_{\mathrm{v}}^{\mathrm{p}}$ 和 $\mathrm{d}\varepsilon_{\mathrm{q}}^{\mathrm{p}}$ 可表示如下：

$$\begin{cases}\mathrm{d}\varepsilon_{\mathrm{v}}^{\mathrm{p}}=\mathrm{d}\lambda'\dfrac{\partial f(p',\ \eta,\ \varepsilon_{\mathrm{v}}^{\mathrm{p}})}{\partial p'}\\[3mm]\mathrm{d}\varepsilon_{\mathrm{q}}^{\mathrm{p}}=\mathrm{d}\lambda'\dfrac{\partial f(p',\ \eta,\ \varepsilon_{\mathrm{v}}^{\mathrm{p}})}{\partial q'}\end{cases}\tag{6-20}$$

其中：

$$\mathrm{d}\lambda'=\frac{1}{A}\left[\frac{\partial f(p',\ \eta,\ \varepsilon_{\mathrm{v}}^{\mathrm{p}})}{\partial p'}\mathrm{d}p'+\frac{\partial f(p',\ \eta,\ \varepsilon_{\mathrm{v}}^{\mathrm{p}})}{\partial q'}\mathrm{d}q'\right]\tag{6-21}$$

式中：A 为塑性硬化模量，是硬化参数的函数。

由于边界面方程需满足连续性条件：

$$\mathrm{d}f(p',\ \eta,\ \varepsilon_{\mathrm{v}}^{\mathrm{p}})=\frac{\partial f(p',\ \eta,\ \varepsilon_{\mathrm{v}}^{\mathrm{p}})}{\partial p'}\mathrm{d}p'+\frac{\partial f(p',\ \eta,\ \varepsilon_{\mathrm{v}}^{\mathrm{p}})}{\partial q'}\mathrm{d}q'+\frac{\partial f(p',\ \eta,\ \varepsilon_{\mathrm{v}}^{\mathrm{p}})}{\partial\varepsilon_{\mathrm{v}}^{\mathrm{p}}}\mathrm{d}\varepsilon_{\mathrm{v}}^{\mathrm{p}}=0$$

$$\tag{6-22}$$

在 $p'-q'$ 应力空间中，由式(6-21)可得：

$$A\mathrm{d}\lambda'=\frac{\partial f(p',\ \eta,\ \varepsilon_{\mathrm{v}}^{\mathrm{p}})}{\partial p'}\mathrm{d}p'+\frac{\partial f(p',\ \eta,\ \varepsilon_{\mathrm{v}}^{\mathrm{p}})}{\partial q'}\mathrm{d}q'\tag{6-23}$$

代入式(6-22)，得到：

$$A\mathrm{d}\lambda'+\frac{\partial f(p',\ \eta,\ \varepsilon_{\mathrm{v}}^{\mathrm{p}})}{\partial\varepsilon_{\mathrm{v}}^{\mathrm{p}}}\mathrm{d}\varepsilon_{\mathrm{v}}^{\mathrm{p}}=0\tag{6-24}$$

将式(6-20)代入式(6-24)，得到：

$$A=-\frac{\partial f(p',\ \eta,\ \varepsilon_{\mathrm{v}}^{\mathrm{p}})}{\partial\varepsilon_{\mathrm{v}}^{\mathrm{p}}}\frac{\partial f(p',\ \eta,\ \varepsilon_{\mathrm{v}}^{\mathrm{p}})}{\partial p'}\tag{6-25}$$

$$\frac{\partial f(p',\ \eta,\ \varepsilon_{\mathrm{v}}^{\mathrm{p}})}{\partial\varepsilon_{\mathrm{v}}^{\mathrm{p}}}=-1\tag{6-26}$$

代入式(6-25)，得到：

$$A = \frac{\partial f(p',\ \eta,\ \varepsilon_{\mathrm{v}}^{\mathrm{p}})}{\partial p'} \tag{6-27}$$

对修正剑桥模型中的 p' 和 q' 分别进行求导，得到：

$$\frac{\partial f(p',\ \eta,\ \varepsilon_{\mathrm{v}}^{\mathrm{p}})}{\partial p'} = c_{\mathrm{p}}\left[\frac{1}{p'} - \frac{1}{p'}\ \frac{2\eta^2}{M^2\left(1+\dfrac{\eta^2}{M^2}\right)}\right] = \frac{c_{\mathrm{p}}}{p'}\ \frac{M^2-\eta^2}{M^2+\eta^2} \tag{6-28}$$

$$\frac{\partial f(p',\ \eta,\ \varepsilon_{\mathrm{v}}^{\mathrm{p}})}{\partial q'} = \frac{c_{\mathrm{p}}}{p'}\ \frac{2\eta}{M^2+\eta^2} \tag{6-29}$$

式中：M 为临界状态线斜率；η 为应力路径斜率；c_{p} 为与初始孔隙比相关的土体参数。

将式(6-25)、式(6-26)、式(6-27)和式(6-28)代入式(6-21)，得到：

$$\mathrm{d}\lambda' = \frac{M^2\mathrm{d}p' + 2\eta\mathrm{d}q' - \eta^2\mathrm{d}p'}{M^2-\eta^2} \tag{6-30}$$

将式(6-26)、式(6-27)、式(6-28)和式(6-29)代入式(6-25)，得到塑性增量应力-应变关系：

$$\begin{aligned}
\mathrm{d}\varepsilon_{\mathrm{v}}^{\mathrm{p}} &= \mathrm{d}\lambda'\ \frac{\partial f(p',\ \eta,\ \varepsilon_{\mathrm{v}}^{\mathrm{p}})}{\partial p'} = \frac{c_{\mathrm{p}}(M^2p'^2\mathrm{d}p' + 2p'q'\mathrm{d}q' - q'^2\mathrm{d}p')}{p'q'^2 + M^2p'^3} \\
&= \frac{c_{\mathrm{p}}}{p'}\ \frac{M^2\mathrm{d}p' + 2\eta\mathrm{d}q' - \eta^2\mathrm{d}p'}{M^2+\eta^2} \\
&= \frac{c_{\mathrm{p}}}{p'}\ \frac{(M^2-\eta^2)\mathrm{d}p' + 2\eta\mathrm{d}q'}{M^2+\eta^2}
\end{aligned} \tag{6-31}$$

$$\begin{aligned}
\mathrm{d}\varepsilon_{\mathrm{s}}^{\mathrm{p}} &= \mathrm{d}\lambda'\ \frac{\partial f(p',\ \eta,\ \varepsilon_{\mathrm{v}}^{\mathrm{p}})}{\partial q'} = \frac{2c_{\mathrm{p}}q'\left[-2p'q'\mathrm{d}q' + (q'^2-M^2p'^2)\mathrm{d}p'\right]}{q'^4 - M^4p'^4} \\
&= \frac{2c_{\mathrm{p}}q'\left[-2\eta\mathrm{d}q' + (\eta^2-M^2)\mathrm{d}p'\right]}{p'^2(\eta^4-M^4)} \\
&= \frac{2c_{\mathrm{p}}\eta\left[(\eta^2-M^2)\mathrm{d}p' - 2\eta\mathrm{d}q'\right]}{p'(\eta^4-M^4)}
\end{aligned} \tag{6-32}$$

将式(6-4)、式(6-15)、式(6-26)和式(6-27)代入式(6-20)，可得到在三维应力空间中的塑性增量表达式：

$$
\begin{cases}
d\varepsilon_m^p = 3d\lambda' \dfrac{\partial f(p', \eta, \varepsilon_v^p)}{\partial p'} \\[3mm]
de_{ij}^p = d\lambda' \dfrac{\partial f(p', \eta, \varepsilon_v^p)}{\partial s_{ij}} = d\lambda' \dfrac{\partial f(p', \eta, \varepsilon_v^p)}{\partial q'} \dfrac{\partial q'}{\partial s_{ij}}
\end{cases}
\tag{6-33}
$$

6.1.2 部分排水条件下的孔隙水压力

工程土体的具体排水状态可根据排水速率和排水约束条件的不同,分为不排水、完全排水和部分排水三种情况。在交通循环荷载作用下,土体部分排水是土体排水环境的常态;土体的超孔隙水压力随着孔隙水排出会逐渐消散,但不能实现完全排水,且孔隙水压力随着体应力的增加而增大。可见,孔隙水压力增量与体应变增量密切相关。由前文可知,试验过程中加载速率为 $\Delta s = 0.1 \, \text{mm/min}$,则可认为轴向应变为已知条件。部分排水条件下,通过体应变增量与轴向应变增量的比值可以得到侧向应变增量。在等围压三轴压缩试验条件下,不同应力路径下的应变-应力关系可表示如下:

$$
\begin{pmatrix} d\varepsilon_v^p \\ d\varepsilon_s^p \end{pmatrix} = \frac{1}{p'} \begin{bmatrix} E & B \\ C & D \end{bmatrix} \begin{Bmatrix} dp' \\ dq' \end{Bmatrix}
\tag{6-34}
$$

式中: $E = \dfrac{c_p(M^2 - \eta^2)}{M^2 + \eta^2}$; $B = C = \dfrac{2\eta c_p}{M^2 + \eta^2}$; $D = \dfrac{4\eta^2 c_p}{M^4 - \eta^4}$。

式(6-34)亦可表示如下:

$$
\begin{cases}
dp' = \dfrac{Dp'}{DE - BC} d\varepsilon_v^p - \dfrac{Bp'}{DE - BC} d\varepsilon_s^p \\[3mm]
dq = -\dfrac{Cp'}{DE - BC} d\varepsilon_v^p + \dfrac{Ep'}{DE - BC} d\varepsilon_s^p
\end{cases}
\tag{6-35}
$$

在等围压三轴压缩状态下,总主应力增量和剪切应力增量之间满足以下关系:

$$
d(p' + u) = \frac{dq}{3}
\tag{6-36}
$$

结合式(6-35)、式(6-36)可得:

$$
du = \frac{(-C - 3D)p'}{3(DE - BC)} d\varepsilon_v^p + \frac{(E + 3B)p'}{3(DE - BC)} d\varepsilon_s^p
\tag{6-37}
$$

通过设置轴向应变与体应变之比对土体部分排水条件进行控制,则部分排

水参数 δ 可表示如下：

$$\delta = \frac{\varepsilon_{11}}{\varepsilon_{v}^{p}} \qquad (6-38)$$

式中：δ 为排水程度参数。

Chu 和 Lo 等通过大量试验数据建立了 δ 满足临界状态方程：

$$\delta = \frac{3(M-\eta)}{M} \qquad (6-39)$$

式中：M 为临界状态线斜率；η 为应力路径斜率。

结合文献，则式（6-37）可改成下式：

$$du = \frac{(-C-3D)p'\delta}{(DE-BC)(3-\delta)}d\varepsilon_{v}^{p} + \frac{(E+3D)p'}{3(DE-BC)}d\varepsilon_{s}^{p} \qquad (6-40)$$

6.1.3 边界面方程

由于应力历史，红黏土具有超固结性，但黏聚力非 0。同时，红黏土具有各向异性的特点，不同加载方向的性质也存在差异，导致加载面轴与体应力轴之间存在一定的斜率，如图 6-1 所示。

将图 6-1 中 OD 段长度与 OE 段长度之比定义如下：

$$c_{p} = -\frac{1}{\ln\dfrac{p'}{p_0'}} \qquad (6-41)$$

由于先期固结压力为回弹曲线和正常固结曲线的相交点，因此需满足以下关系：

$$1+e = S - \lambda\ln\left(\frac{p'}{p_{ref}}\right) \qquad (6-42)$$

$$1+e = S_k - \kappa\ln\left(\frac{p'}{p_{ref}}\right) \qquad (6-43)$$

式中：λ 为压缩系数，取正常固结状态下 $e\text{-}\ln p'$ 压缩曲线的斜率；κ 为体积膨胀系数，取正常固结状态下 $e\text{-}\ln p'$ 回弹曲线的斜率；p_{ref} 为参考平均有效应力；S 为正常固结线与纵坐标的交点，如图 6-5 所示；S_k 为 $e\text{-}\ln p'$ 空间中回弹曲线与纵坐标的交点。

结合式（6-42）、式（6-43），可解得：

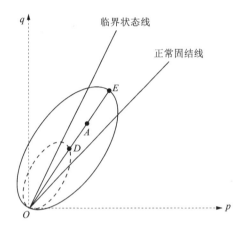

图 6-1　应力点在边界面上的投影

$$p' = \exp\left(\frac{S-S_k}{\lambda-\kappa}\right) \tag{6-44}$$

p_0' 为式（6-44）中 p' 的初始状态，得到：

$$p_0' = \exp\left(\frac{v-T}{\lambda}\right) \tag{6-45}$$

式中：T 为临界状态线与纵坐标的交点，如图 6-5 所示。

因此，式（6-41）、式（6-44）、式（6-45）联解可得初始孔隙比相关参数 c_p 的表达式：

$$c_p = \frac{\lambda-\kappa}{1+e_0} \tag{6-46}$$

式中：e_0 为初始状态土体的孔隙比。

考虑边界面的能量方程可以得到：

$$\mathrm{d}W_p = p' \mathrm{d}\varepsilon_v^p + q \mathrm{d}\varepsilon_s^p \tag{6-47}$$

式中：$\mathrm{d}\varepsilon_v^p$ 为边界面塑性体积应变增量，$\mathrm{d}\varepsilon_s^q$ 为边界面塑性剪切应变增量。

英国剑桥大学的 Burland 采用了一种新的能量方程形式，得到了修正剑桥模型，用式（6-48）替代了式（6-47）：

$$\mathrm{d}W_p = p' \sqrt{(\mathrm{d}\varepsilon_v^p)^2 + M^2 (\mathrm{d}\varepsilon_s^p)^2} \tag{6-48}$$

根据黏性土的非相关联流动法则，可以得到边界面上体积应变剪胀因子的数学表达式：

$$D_s = \frac{\mathrm{d}\varepsilon_v^p}{\mathrm{d}\varepsilon_s^p} = \frac{M^2 - \eta^2}{2\eta} \tag{6-49}$$

考虑加载面与边界面之比 c_p，加载面的能量方程可表示如下：

$$\mathrm{d}W_p = p' c_p \sqrt{(\mathrm{d}\varepsilon_v^p)^2 + M^2 (\mathrm{d}\varepsilon_s^p)^2} \tag{6-50}$$

则加载面的剪胀因子可表示如下：

$$D_s = \frac{M^2 - \eta^2}{2\eta} c_p^2 \tag{6-51}$$

采用莫尔-库仑破坏准则时，应力比 M 可用洛德角 θ 的函数表示为：

$$M(\theta) = \frac{6\sqrt{2}\sin\varphi'}{(3 + 3\sin\varphi')\sin\theta + \sqrt{3}(3 - \sin\varphi')\cos\theta} \tag{6-52}$$

式中：φ' 为内摩擦角；洛德角 θ 见式（6-53）。

$$\theta = \frac{1}{3}\cos^{-1}\left[\frac{3\sqrt{3}}{2}\frac{J_3}{J_2^{\frac{3}{2}}}\right] \tag{6-53}$$

式中：J_2 为第二偏应力不变量；J_3 为第三偏应力不变量。

当洛德角 θ 为最小值 0 时，表示土体处于三轴压剪模式；当洛德角 θ 为最大值 60° 时，表示土体处于拉伸模式。

如图 6-2 所示，根据正交定律，在屈服轨迹上任何一点 Q 点处，式（6-58）在同一屈服面上的硬化参数不改变，即 $\mathrm{d}H = 0$，对式（6-58）进行求导，可得：

$$\mathrm{d}f(p', \eta, \varepsilon_v^p) = \frac{\partial f(p', \eta, \varepsilon_v^p)}{\partial p'}\mathrm{d}p' + \frac{\partial f(p', \eta, \varepsilon_v^p)}{\partial q'}\mathrm{d}q' + \frac{\partial f(p', \eta, \varepsilon_v^p)}{\partial H}\mathrm{d}H = 0 \tag{6-54}$$

由 $\mathrm{d}H = 0$，可得：

$$\frac{\partial f(p', \eta, \varepsilon_v^p)}{\partial p'}\mathrm{d}p' + \frac{\partial f(p', \eta, \varepsilon_v^p)}{\partial q'}\mathrm{d}q' = 0 \tag{6-55}$$

将式（6-20）代入式（6-55），可得：

$$-\frac{\mathrm{d}\varepsilon_v^p}{\mathrm{d}\varepsilon_q^p} = \frac{\mathrm{d}q}{\mathrm{d}p'} \tag{6-56}$$

由式（6-56）可得：

$$\frac{\mathrm{d}q}{\mathrm{d}p'} = -\frac{M^2 - \eta^2}{2\eta} \tag{6-57}$$

依据式(6-57)，可得到修正剑桥模型边界面方程：

$$f(p', \eta, H) = c_{p}\left[\ln\frac{p'}{p_0'} + \ln\left(1 + \frac{\eta^2}{M^2}\right)\right] - H = 0 \qquad (6-58)$$

式中：p_0' 为边界面初始有效应力，是回弹线与正常固结线的交点，表征先期固结压力的大小；p' 为边界面上 E 的有效球应力；η 为应力路径斜率；ε_v^p 为塑性体积应变；H 为硬化参数；M 为临界状态线斜率；c_p 为与初始孔隙比相关的土体参数，由式(6-41)确定。

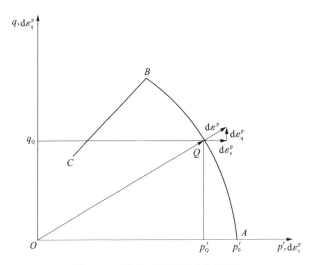

图 6-2　屈服时的塑性应变增量

塑性体应变 ε_v^p 硬化规律假定：

$$H = \varepsilon_v^p \qquad (6-59)$$

式(6-59)具体可表示如下：

$$f(p', \eta, \varepsilon_v^p) = c_{p}\left[\ln\frac{p'}{p_0'} + \ln\left(1 + \frac{\eta^2}{M^2}\right)\right] - \varepsilon_v^p = 0 \qquad (6-60)$$

在交通循环荷载作用下，土体的弹性压缩应变处于可逆状态，而塑性应变为不可逆应变硬化，可表示为考虑加载率的累积塑性应变方程：

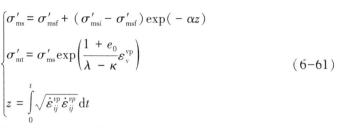

$$\begin{cases} \sigma'_{\mathrm{ms}} = \sigma'_{\mathrm{msf}} + (\sigma'_{\mathrm{msi}} - \sigma'_{\mathrm{msf}}) \exp(-\alpha z) \\[2mm] \sigma'_{\mathrm{mt}} = \sigma'_{\mathrm{ms}} \exp\left(\dfrac{1+e_0}{\lambda-\kappa}\varepsilon^{\mathrm{vp}}_{\mathrm{v}}\right) \\[2mm] z = \displaystyle\int_0^t \sqrt{\dot{\varepsilon}^{vp}_{ij}\dot{\varepsilon}^{vp}_{ij}}\,\mathrm{d}t \end{cases} \tag{6-61}$$

式中：σ'_{mt} 为控制超固结边界面的应力值；σ'_{ms} 为 σ'_{mt} 的初始值；α 代表 σ'_{mt} 变化率的参数；z 为 t 时间内黏塑性应变率的累加；$\dot{\varepsilon}^{\mathrm{vp}}_{ij}$ 为黏塑性应变率张量，按公式（6-66）计算。

图 6-3 为超固结屈服面 f_{t}、静态屈服函数 f_{r} 及黏塑性势函数 f_{mp} 示意图。超固结屈服面可表示如下：

$$f_{\mathrm{t}} = \left[(\boldsymbol{\eta}_{ij} - \boldsymbol{\eta}_{ij(0)})^{\mathrm{T}}(\boldsymbol{\eta}_{ij} - \boldsymbol{\eta}_{ij(0)})\right]^{\frac{1}{2}} + D_{\mathrm{s}}\ln\left(\frac{\sigma'_{\mathrm{m}}}{\sigma'_{\mathrm{mt}}}\right) = 0 \tag{6-62}$$

式中：$\boldsymbol{\eta}_{ij}$ 为应力比其中的下标(0)表示土体固结后的初始状态；σ'_{m} 为平均有效应力。

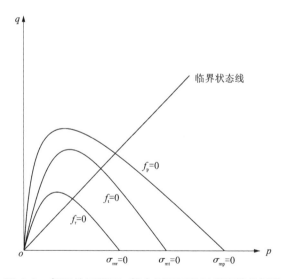

图 6-3　超固结屈服面、静态屈服函数及黏塑性势函数

静态屈服函数可表示如下：

$$f_{\mathrm{r}} = \left[(\boldsymbol{\eta}_{ij} - \boldsymbol{\gamma}_{ij})^{\mathrm{T}}(\boldsymbol{\eta}_{ij} - \boldsymbol{\gamma}_{ij})\right]^{\frac{1}{2}} + D_{\mathrm{s}}\left(\ln\frac{\sigma'_{\mathrm{m}k}}{\sigma'_{\mathrm{mr}}} + \left|\ln\frac{\sigma'_{\mathrm{m}}}{\sigma'_{\mathrm{m}k}} - r_{\mathrm{m}}\right|\right) = 0 \tag{6-63}$$

$$\sigma'_{\text{mr}} = \frac{\{\sigma'_{\text{msf}} + (\sigma'_{\text{msi}} - \sigma'_{\text{msf}})\exp(-\alpha z)\}}{\sigma'_{\text{msi}}}\sigma'_{\text{mti}} \tag{6-64}$$

式中：σ'_{mr} 为静态硬化参数；r_{m} 为标量非线性运动硬化参数；γ_{ij} 为非线性运动硬化参数；σ'_{mk} 为平均有效应力单位值。

黏塑性势函数可表示如下：

$$f_{\text{p}} = \left[(\eta_{ij} - \gamma_{ij})^{\text{T}}(\eta_{ij} - \gamma_{ij})\right]^{\frac{1}{2}} + D_{\text{s}}\left(\ln\frac{\sigma'_{\text{mk}}}{\sigma'_{\text{mp}}} + \left|\ln\frac{\sigma'_{\text{m}}}{\sigma'_{\text{mk}}} - r_{\text{m}}\right|\right) = 0 \tag{6-65}$$

式中：σ'_{mp} 为硬化参数；参数 r_{m} 可用式(6-41)进行描述。

$$\begin{cases} r_{\text{m}} = r_{\text{m1}} + r_{\text{m2}} \\ r_{\text{m2}} = H - r_{\text{m2}}\,|\,\mathrm{d}\varepsilon_{\text{v}}^{vp}\,| \\ r_{\text{m1}} = \mathrm{d}\varepsilon_{\text{v}}^{vp} \end{cases} \tag{6-66}$$

式中：r_{m} 为标量非线性运动硬化参数；r_{m1} 为标量非线性运动硬化参数线性部分；r_{m2} 为标量非线性运动硬化参数非线性部分；H 为硬化参数，见式(6-59)；$\mathrm{d}\varepsilon_{\text{v}}^{vp}$ 为黏塑性体积应变增量。

如考虑加载率的影响，可根据 Perzyna 构建的考虑黏滞效应的弹塑性理论，黏塑性应变率张量可定义如下：

$$\begin{cases} \dot{\varepsilon}_{ij}^{\text{vp}} = \dfrac{\partial f_{\text{p}}}{\partial \sigma_{kl}}\left[a\delta_{ij}\delta_{kl} + b(\delta_{ij}\delta_{kl} + \delta_{il}\delta_{jk})\right]\varphi(f_{\text{r}}) \\[2mm] \varphi(f_r) = \begin{cases} \varphi(f_r) & f_{\text{r}} > 0 \\ 0 & f_{\text{r}} \leqslant 0 \end{cases} \\[2mm] \varphi(f_r) = \sigma_{\text{m}}\exp(mf_{\text{r}}) \end{cases} \tag{6-67}$$

式中：a、b 为土体拟合参数；$a\delta_{ij}\delta_{kl} + b(\delta_{ij}\delta_{kl} + \delta_{il}\delta_{jk})$ 为反映加载率对黏塑性应变率的影响，当不考虑加载率影响时，该项取 1.0；m 为黏塑性参数。

6.2　本构模型参数的标定

6.2.1　临界状态参数标定

临界状态参数包括压缩系数 λ 和体积膨胀系数 κ，其中压缩系数 λ 可通过孔隙比与体应力关系曲线中 e-$\ln p'$ 坐标系下压缩-回弹曲线的斜率获得。因此，采用常围压条件下的红黏土的一维固结试验得到压缩系数 λ。根据第 2 章的室内固结压缩试验结果绘出 e-$\log p'$ 曲线，如图 6-4 所示。

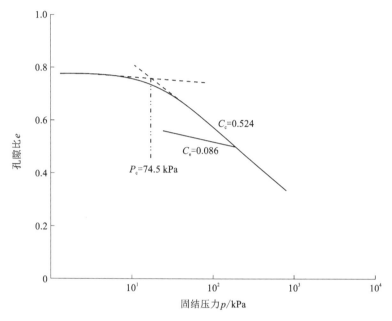

图 6-4　常规三轴压缩试验结果

通过压缩曲线的斜率确定压缩指数 $C_c = 0.524$，通过回弹曲线的斜率确定回弹指数 $C_e = 0.086$。由 $\lg p'$ 与 $\ln p'$ 之间的变换关系可以得到压缩系数 $\lambda = C_c/2.303 = 0.228$，体积膨胀系数 $\kappa = C_e/2.303 = 0.037$。

图 6-5 为饱和红黏土在 75 kPa、150 kPa 围压下 k_0 固结不排水三轴压缩试验下的应力路径。其中临界状态参数 M 为临界状态线在 p'-q 平面内的斜率，通过第 2.3 节的试验结果可知其取值为 1.03，T 为临界状态线在静水压力 p' 轴上的截距。

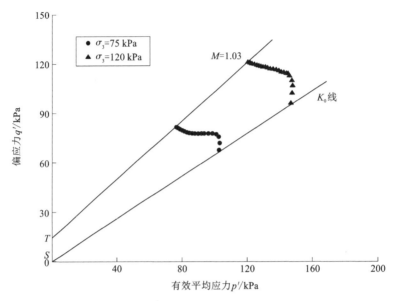

图6-5　不排水应力路径试验

6.2.2　弹性参数标定

黏性土的弹性参数分别为体积弹性模量 K、剪切弹性模量 G，其能够表征红黏土的弹性变形特性。弹性参数的取值采用临界土力学推荐的方法，根据固结试验中的回弹曲线斜率标定体积模量，进而根据体积模量与剪切模量的关系确定剪切弹性模量值，具体如式（6-68）和式（6-69）所示。

$$G = \frac{3(1-2v)}{2(1+v)}K \tag{6-68}$$

$$K = \frac{(1+e_0)}{\kappa}p' \tag{6-69}$$

式中：K 为体积弹性模量；G 为剪切弹性模量；e_0 为初始状态下土体的孔隙比；v 为泊松比；κ 为体积膨胀系数；p' 为有效体积应力。

根据表2-1中饱和红黏土的基本物理指标，首先假定式（6-68）、式（6-69）中的泊松比 $v = 0.3$，再按照第4.3节的参数取 $I_{CSR} = 0.306$、$\eta^{ampl} = 1/3$、$q^{ampl} = 12$ kPa 的应力–应变滞回曲线进行对比分析。以循环加载次数 $N = 1 \sim 50$ 圈为例，基于本构模型，暂不考虑加载率的影响，通过 ABAQUS 有限元分析，得到循环加载次数 $N = 1 \sim 50$ 圈的应力-应变响应曲线。为了便于对滞回圈的发展规律进行对比分析，省略每一个滞回圈所对应的竖向累积应变，使得每一个滞回圈均从原点出发，得到的滞回圈的发展曲线如图 6-6 所示。

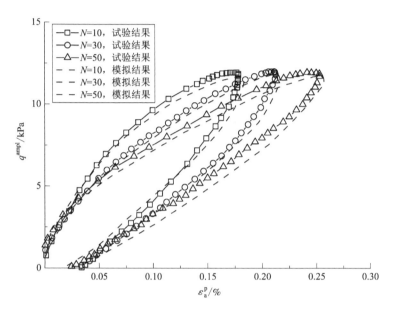

图 6-6　按照固结试验确定体积模量和剪切模量的模拟值与试验值

图 6-6 为循环加载次数 $N = 10$ 圈、30 圈、50 圈的模拟结果和相对应的试验结果。从图中可以看出，试验结果对应的应力-应变曲线斜率比模拟结果对应的应力-应变曲线斜率更陡，模拟结果的曲线明显向右侧倾斜，表明土体在交通循环荷载作用下的模拟结果对应的应力-应变响应受加载率的影响，弹性模量增大，所以采用式（6-61）和式（6-62）计算得到的弹性体积模量和弹性剪切模量偏小。

6.2.3　硬化参数标定

参数 a、b、m 为黏塑性应变率张量中引入的模型参数。这三个参数对土体的黏塑性模量有较大影响，其中参数 a、b 用来描述红黏土在交通循环荷载作用下土体刚度硬化的速率，参数 m 用来描述红黏土在交通循环荷载作用下土体硬化或软化的特性。由于塑性模量受这三个参数的联动影响，按照本书三轴压缩试验中采用加载速率 $\Delta s = 0.1$ mm/min 对试样的轴向应变进行控制，轴向应变速率在此情况下为已知条件，其加载速率较小，不考虑加载率对黏塑性应变率的影响，故取 $a\delta_{ij}\delta_{kl}+b(\delta_{ij}\delta_{kl}+\delta_{il}\delta_{jk}) = 1.0$，仅需确定硬化参数 m 对红黏土硬化特性的影响。

待泊松比 ν、压缩系数 λ、体积膨胀系数 κ、临界状态应力比 M、应力路径斜率 η 等参数确定后，采用拟合参数方法，改变参数 m 的大小，基于本构模型，通过 ABAQUS 有限元分析，确定永久轴向应变随循环加载次数变化的发展规律。对参数 m 进行分析时采用的模型参数如表 6-1 所示。

表 6-1　模型参数

ν	λ	κ	M	η
0.3	0.228	0.037	1.03	1/3

注：饱和红黏土的基本物理指标如表 2-1 所示。

图 6-7 为通过改变参数 m 的取值得到的永久轴向应变随循环加载次数变化的关系曲线。可见，参数 m 值对红黏土的轴向应变 ε_a^p 随循环加载次数 N 变化的关系曲线影响显著。当 $m = -1.0$ 时，轴向应变 ε_a^p 随着循环加载次数 N 的增加而急剧增长，直至土体失稳、破坏。当 $m = 1.0$ 时，轴向应变 ε_a^p 随着循环加载次数 N 的增加而增长，循环加载次数 $N>6000$ 圈后轴向应变 ε_a^p 的增长速率逐渐减小。当 $m = 2.0$ 时，轴向应变 ε_a^p 随着循环加载次数 N 的增加而增长，循环加载次数 $N>6000$ 圈后轴向应变 ε_a^p 的增长速率逐渐趋于稳定状态。

取参数 $m = -1.0$、1.0、2.0 拟合得到的轴向应变随循环加载次数变化的关系曲线与第 4.2.3 节参数取 $I_{CSR} = 0.306$、$\eta^{ampl} = 1/3$、$q^{ampl} = 12$ kPa 试验得到的轴向应变随循环加载次数变化的关系曲线，对比其试验结果与拟合结果发现，循环加载次数 $N>6000$ 圈后，试验结果对应的轴向应变随循环加载次数变化的关系曲线基本处于 $m = 1.0$、2.0 拟合得到的轴向应变随循环加载次数变化的关系曲线中间，硬化参数 m 取其平均值，得到本书所用红黏土的硬化参数 $m = 1.5$。

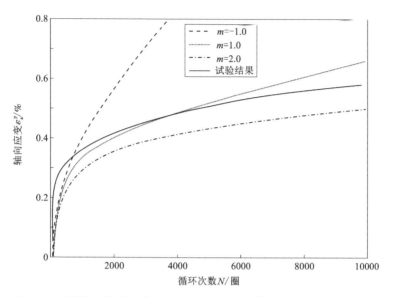

图6-7 参数 m 值对红黏土轴向应变随循环加载次数变化的关系曲线

6.3 本构模型敏感参数讨论

6.3.1 压缩系数敏感性分析

压缩系数 λ 是土体正常固结压缩曲线或临界状态线的斜率，根据临界状态参数标定，得到压缩系数 $\lambda=0.228$。为了探讨压缩系数 λ 对本构模型的敏感性，以 $P_{\mathrm{OCR}}=1.0$、$I_{\mathrm{CSR}}=0.536$、$\eta^{\mathrm{ampl}}=1/2$ 及 $P_{\mathrm{OCR}}=4.0$、$I_{\mathrm{CSR}}=0.536$、$\eta^{\mathrm{ampl}}=1/2$ 为例，分别取压缩系数 $\lambda=0.13$、0.23、0.33，分析压缩系数 λ 对饱和红黏土在交通循环荷载作用下轴向累积应变发展曲线的影响，如图6-8所示。从图中可知，理论曲线与试验曲线的发展规律有较好的一致性，饱和红黏土的累积轴向应变值随着压缩系数 λ 的增大而增大。当循环加载次数 $N \leqslant 500$ 圈时，虽然压缩系数 λ 不同，但其轴向累积应变发展规律基本类似，说明在循环加载

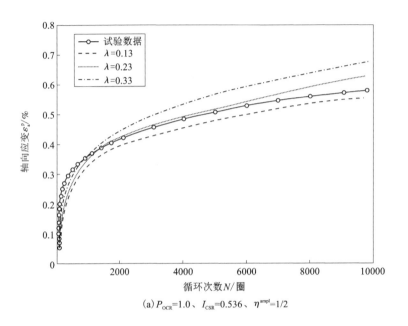

(a) $P_{OCR}=1.0$、$I_{CSR}=0.536$、$\eta^{ampl}=1/2$

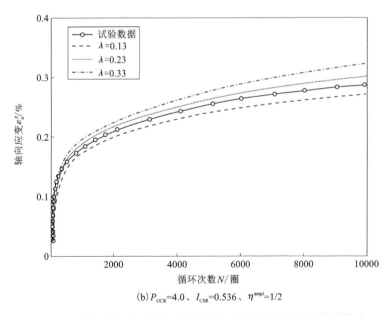

(b) $P_{OCR}=4.0$、$I_{CSR}=0.536$、$\eta^{ampl}=1/2$

图 6-8　压缩系数对交通循环荷载作用下轴向累积应变曲线的影响

初期阶段，压缩系数 λ 对本构模型的敏感性较小。当循环加载次数 $N>500$ 圈时，通过本构模型计算得到的饱和红黏土轴向累积应变值随着压缩系数 λ 的变化有明显区别，饱和红黏土的累积轴向应变值随着压缩系数 λ 的增加而增大，可见，经过多次循环加载后，压缩系数 λ 对本构模型的敏感性影响显著。以 $P_{OCR}=4.0$、$I_{CSR}=0.536$、$\eta^{ampl}=1/2$ 加载条件为例，当循环加载次数 $N=10000$ 圈时，压缩系数从 0.13 增加到 0.33 时，对应的轴向累积应变增加了 18%。可见，经过多次循环加载后，压缩系数 λ 对本构模型的计算结果敏感性影响显著。

6.3.2　体积膨胀系数敏感性分析

根据正常固结状态下 $e-\ln p'$ 曲线的斜率确定体积膨胀系数 κ，然后根据临界状态参数标定，得到体积膨胀系数 $\kappa=0.037$。为了探讨体积膨胀系数 κ 对本构模型的敏感性，以 $P_{OCR}=1.0$、$I_{CSR}=0.536$、$\eta^{ampl}=1/2$ 及 $P_{OCR}=4.0$、$I_{CSR}=0.536$、$\eta^{ampl}=1/2$ 为例，分别取体积膨胀系数 $\kappa=0.02$、0.04、0.06，分析积膨胀系数 κ 对饱和红黏土在交通循环荷载作用下轴向累积应变曲线发展规律的影响，如图 6-9 所示。可见，在不同的体积膨胀系数 κ 条件下，通过本构模型计算得到的饱和红黏土的循环荷载轴向应变拟合曲线发展规律与根据试验结果得到的循环荷载轴向应变拟合曲线发展规律基本一致。在循环加载次数 $N\leqslant200$ 圈的初期阶段，不同固结比饱和红黏土虽然体积膨胀系数 κ 不同，但经过本构模型计算得到的循环荷载轴向应变发展曲线与试验结果得到的发展曲线基本重合，说明体积膨胀系数 κ 对本构模型的敏感性较小。当循环加载次数 $N>200$ 圈时，通过本构模型计算得到的饱和红黏土轴向累积应变发展速率随着体积膨胀系数 κ 的增加而逐渐变缓，表明体积膨胀系数 κ 对本构模型的敏感性影响显著。以 $P_{OCR}=4.0$、$I_{CSR}=0.536$、$\eta^{ampl}=1/2$ 加载条件为例，当循环加载次数 $N=10000$ 圈时，体积膨胀系数 κ 从 0.02 增加至 0.06，其轴向累积应变降低了 9.75%。可见，经过次数循环加载后，体积膨胀系数 κ 对本构模型的计算结果敏感性影响显著。

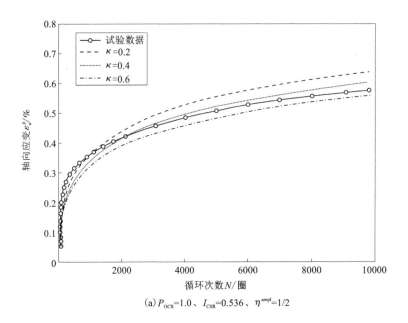

(a) $P_{OCR}=1.0$、$I_{CSR}=0.536$、$\eta^{ampl}=1/2$

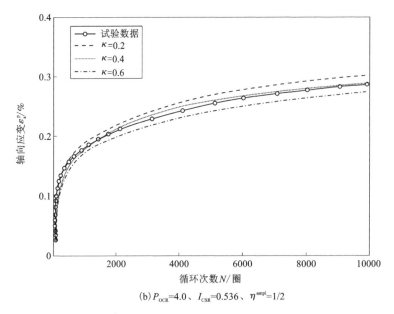

(b) $P_{OCR}=4.0$、$I_{CSR}=0.536$、$\eta^{ampl}=1/2$

图 6-9　体积膨胀系数对循环荷载轴向累积应变曲线的影响

6.3.3　泊松比敏感性分析

泊松比 ν 是土体横向应变能力的重要参数，为土的横向变形量与竖向变形量的比值，由表 2-1 得到的泊松比 $\nu = 0.3$。为了探讨泊松比 ν 对本构模型的敏感性，以 $P_{OCR} = 1.0$、$I_{CSR} = 0.536$、$\eta^{ampl} = 1/2$ 及 $P_{OCR} = 4.0$、$I_{CSR} = 0.536$、$\eta^{ampl} = 1/2$ 为例，分别取泊松比 $\nu = 0.2$、0.3、0.4，探讨泊松比 ν 对饱和红黏土在交通循环荷载作用下轴向累积应变曲线发展规律的影响，如图 6-10 所示。可见，在不同泊松比 ν 条件下，通过本构模型计算得到的饱和红黏土的循环荷载轴向累积应变拟合曲线的发展规律与根据试验结果得到的循环荷载轴向累积应变的发展规律基本一致。泊松比 $\nu = 0.3$ 对应的循环荷载轴向累积应变拟合曲线与根据试验结果得到的循环荷载轴向累积应变发展曲线吻合度较高。在不同固结比条件下，多次循环加载后通过本构模型计算得到的饱和红黏土循环荷载轴向累积应变值随着泊松比 ν 的增加而增大。以 $P_{OCR} = 4.0$、$I_{CSR} = 0.536$、$\eta^{ampl} = 1/2$ 加载条件为例，当循环加载次数 $N = 10000$ 圈时，泊松比 ν 从 0.2 增加至 0.4，所对应的轴向累积应变值增加了 12.4%，可见泊松比 ν 对本构模型的计算结果的敏感性影响显著。值得注意的是，因泊松比 ν 往往与土体的其他参数相关，所以其仅反映土体的力学性质。在循环加载次数 $N \leqslant 200$ 圈的初期阶段，轴向累积应变快速增长。虽然泊松比 ν 不同，但其循环荷载轴向累积应变拟合曲线基本重合，说明泊松比 ν 对本构模型的敏感性影响较小。当循环加载次数 $N > 200$ 圈时，循环荷载轴向累积应变值随着泊松比 ν 的增加而增大，但轴向累积应变增长速率减慢，说明本构模型的敏感性随着泊松比 ν 的增加而增大。总体而言，泊松比 ν 的取值对本构模型的理论精度有一定影响，但与压缩系数 λ 相比，泊松比 ν 对本构模型的敏感性影响较小。

6.3.4　黏塑性参数敏感性分析

黏塑性参数 m 是反映土体屈服强度的重要参数，主要通过不同应力路径下的三轴压缩试验确定。根据临界状态参数标定，黏塑性参数 m 取 1.5。为了探讨黏塑性参数 m 对本构模型的敏感性，以 $P_{OCR} = 1.0$、$I_{CSR} = 0.536$、$\eta^{ampl} = 1/2$ 及 $P_{OCR} = 4.0$、$I_{CSR} = 0.536$、$\eta^{ampl} = 1/2$ 为例，黏塑性参数 m 分别取 1.0、1.5、2.0，探讨黏塑性参数 m 对饱和红黏土在交通循环荷载作用下轴向累积应变曲线发展规律的影响，如图 6-11 所示。

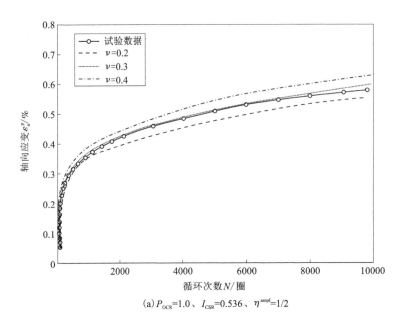

(a) $P_{OCR}=1.0$、$I_{CSR}=0.536$、$\eta^{ampl}=1/2$

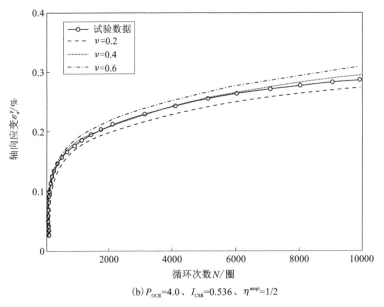

(b) $P_{OCR}=4.0$、$I_{CSR}=0.536$、$\eta^{ampl}=1/2$

图 6-10　泊松比对循环荷载轴向应变曲线的影响

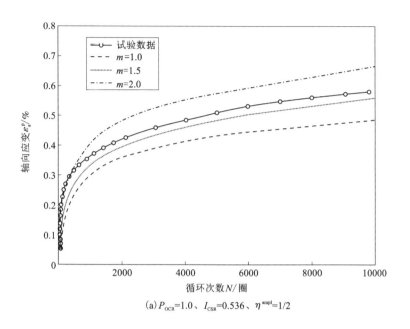

(a) P_{OCR}=1.0、I_{CSR}=0.536、η^{ampl}=1/2

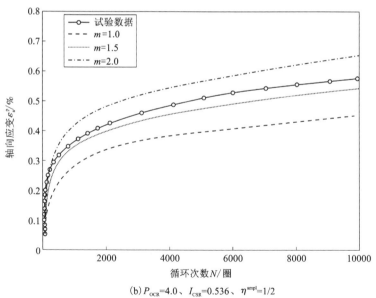

(b) P_{OCR}=4.0、I_{CSR}=0.536、η^{ampl}=1/2

图 6-11　塑性参数 m 对循环荷载轴向应变曲线的影响

在不同黏塑性参数 m 的条件下，通过本构模型计算得到的饱和红黏土的循环荷载轴向累积应变拟合曲线的发展规律与根据试验结果得到的循环荷载轴向累积应变的发展规律基本一致，但经过多次循环加载后，不同固结比和不同应力路径下通过本构模型计算得到的轴向累积应变拟合值和试验结果得到的轴向累积应变值差距明显。可见，黏塑性参数 m 对本构模型的计算结果敏感性影响显著。以 $P_{OCR} = 1.0$、$I_{CSR} = 0.536$、$\eta^{ampl} = 1/2$ 加载条件为例，通过图 6-11(a) 可知，当 $P_{OCR} = 1.0$ 时，试验结果曲线介于 $m = 1.0$ 和 $m = 2.0$ 之间，说明 m 拟合取值应在这两个数值之间，总体发展趋势才能基本一致。当黏塑性参数 $m = 1.5$ 时，通过本构模型计算得到的轴向累积应变拟合曲线与试验结果得到的轴向累积应变曲线的发展规律基本一致，经过多次循环加载后，循环加载次数 $N = 10000$ 圈时对应的轴向累积应变拟合值和试验结果得到的轴向累积应变值分别为 0.56% 和 0.58%。当黏塑性参数 $m = 1.0$、2.0 时，经过多次循环加载后，循环加载次数 $N = 10000$ 圈对应的轴向累积应变拟合值分别为 0.48% 和 0.67%。与其他参数相比，在整个循环加载过程阶段，通过本构模型计算得到的轴向累积应变拟合曲线与试验结果得到的轴向累积应变曲线数值差距明显，所以，黏塑性参数 m 对本构模型计算得到的轴向累积应变值都较为敏感。黏塑性参数 m 取值越大，轴向累积应变发展曲线往上发展的趋势更加显著。总体而言，黏塑性参数 m 值对本构模型具有较强的敏感性，合理的黏塑性参数 m 取值对于准确评价交通循环荷载作用下的饱和红黏土长期变形特性至关重要。

6.3.5 临界状态参数敏感性分析

临界状态参数 M 除压缩指数和膨胀系数外，还包括临界状态应力比 M，即临界状态线的斜率。通过第 2.3 节的试验可取红黏土临界状态参数 $M = 1.03$。为了探讨临界状态参数 M 对本构模型的敏感性，以 $P_{OCR} = 1.0$、$I_{CSR} = 0.536$、$\eta^{ampl} = 1/2$ 及 $P_{OCR} = 4.0$、$I_{CSR} = 0.536$、$\eta^{ampl} = 1/2$ 为例，临界状态参数 M 分别取 0.83、1.03、1.23，探讨临界状态参数 M 对饱和红黏土在交通循环荷载作用下轴向累积应变曲线发展规律的影响，如图 6-12 所示。

通过图 6-12 可发现，在不同的临界状态参数 M 下，无论固结比 $P_{OCR} = 1.0$ 还是固结比 $P_{OCR} = 4.0$，临界状态参数 M 对本构模型计算得到的饱和红黏土的循环荷载轴向累积应变拟合曲线的影响显著，说明临界状态参数 M 对本构

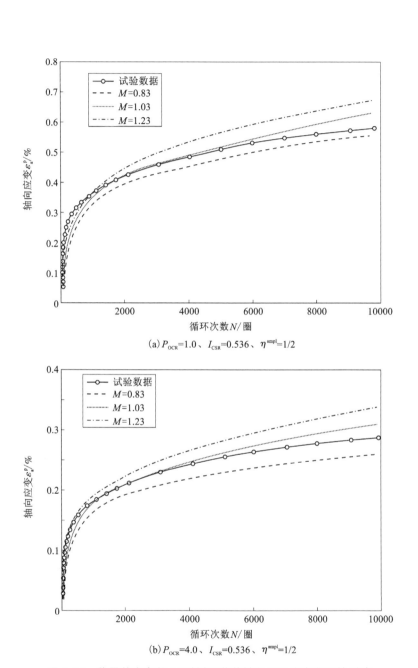

（a）$P_{OCR}=1.0$、$I_{CSR}=0.536$、$\eta^{ampl}=1/2$

（b）$P_{OCR}=4.0$、$I_{CSR}=0.536$、$\eta^{ampl}=1/2$

图 6-12　临界状态参数 M 对循环荷载轴向累积应变曲线的影响

模型的计算结果敏感性影响显著。以 $P_{OCR} = 1.0$、$I_{CSR} = 0.536$、$\eta^{ampl} = 1/2$ 加载条件为例，通过图 6-12(a)可知，当循环加载次数 $N \leqslant 1000$ 圈时，虽然临界状态参数 M 不同，但其轴向累积应变发展规律基本类似，但通过本构模型计算得到的循环荷载轴向累积应变值小于试验结果对应的循环荷载轴向累积应变值。当循环加载次数 $N>1000$ 圈后，随着循环加载次数的增加，临界状态参数 $M=1.03$、1.23 对应的循环荷载轴向累积应变值大于试验结果对应的循环荷载轴向累积应变值，临界状态参数 M 取值越大，轴向累积应变曲线向上发展的趋势更显著。可见，临界状态参数 M 对本构模型的敏感性随着循环加载次数 N 的增加而增大。

6.4　本章小结

　　本章基于修正剑桥模型理论，考虑排水条件对饱和红黏土动力特性的影响，修正弹性增量和塑性增量方程、边界面方程和非线性运动硬化法则，建立一个能够反映排水条件、初始固结状态和应力历史影响的动本构模型，并对本构模型参数进行了标定；同时利用本构模型计算得到的轴线累积应变与试验结果得到的轴线累积应变进行对比，研究压缩系数 λ、体积膨胀系数 κ、泊松比 ν、黏塑性参数 m 及临界状态参数 M 对本构模型的敏感性，得到以下结论。

　　(1)通过一维固结试验和室内固结压缩试验确定压缩系数 λ 和体积膨胀系数 κ，并将压缩系数 λ 和体积膨胀系数 κ 对针对红黏土的本构模型进行敏感性分析，发现压缩系数 λ 和体积膨胀系数 κ 对本构模型的敏感性影响随着循环加载次数的增加而增大。

　　(2)泊松比 $\nu = 0.3$ 对应的循环荷载轴向累积应变拟合曲线与试验结果得到的循环荷载轴向累积应变发展曲线的吻合度较高。循环加载次数 $N \leqslant 200$ 圈时，泊松比 ν 对本构模型的敏感性较小；随着循环加载次数的增加，泊松比 ν 对本构模型的敏感性逐渐增大。与泊松比 ν 类似，临界状态参数 M 对本构模型的敏感性随着循环加载次数 N 的增加而增大。

　　(3)黏塑性参数 m 值对本构模型的敏感性影响显著，合理的黏塑性参数 m 取值对于准确评价交通循环荷载作用下的饱和红黏土长期变形特性至关重要。

第 7 章

结论与展望

7.1 结论

　　本书利用动力三轴试验系统,在不同排水条件下对赣南地区饱和红黏土进行了一系列静力三轴剪切试验和单向循环加载试验,探讨了超固结比 P_{OCR}、循环应力比 I_{CSR} 及应力路径斜率 η 对饱和红黏土静力特性、动力特性的影响。在此基础上,还对饱和红黏土在不同应力路径下经过多次循环加载后产生的沉降变形进行模拟与预测。基于修正剑桥模型理论,考虑排水条件对饱和红黏土动力特性的影响,修正弹性增量和塑性增量方程、边界面方程和非线性运动硬化法则,建立能够反映排水条件、初始固结状态及应力历史影响的动本构模型,并在此基础上对本构模型中的红黏土参数进行了标定。本书的主要研究结论如下。

　　(1)饱和红黏土静力三轴剪切试验结果表明,部分排水条件下不同超固结饱和红黏土在变围压应力路径下的应力-应变曲线变化规律在轴向应变 $\varepsilon_a =$ 10%~20%时达到偏应力峰值,应变-应变曲线由应力硬化型转变为应力软化型。针对不同固结比饱和红黏土在不同应力路径下的应力-应变发展规律,得到对应的应变破坏范围,即应力路径斜率 $\eta = -1.0$、1/3 时对应的应变破坏范围为 2%~5%,应力路径斜率 $\eta = 1.0$ 时对应的应变破坏范围为 10%~20%。

　　(2)考虑超固结比 P_{OCR} 和应力路径斜率 η 耦合作用对饱和红黏土的影响,在静力三轴剪切试验成果的基础上,建立不排水抗剪强度公式。对不同应力历史、不同围压和不同应力路径下的饱和红黏土经过多次循环加载后的抗剪强度进行预测。

（3）在不同排水条件下，通过饱和红黏土静力三轴剪切试验，发现超固结比 P_{OCR} 和应力路径斜率 η 对割线模量 E_i 的大小影响显著，但对饱和红黏土的割线模量 E_i 的发展规律影响较小，割线模量 E_i 与应力路径斜率 η 之间呈线性关系。

（4）在不排水条件下，对不同超固结比饱和红黏土进行单向循环加载试验得到的永久轴向应变与应力路径斜率进行归一化分析，建立饱和红黏土永久轴向应变拟合公式。对饱和红黏土的永久轴向应变预测值与实测值进行对比，该拟合公式能较好地预测不同应力历史的饱和红黏土在交通循环荷载作用下产生的竖向累积变形情况。

（5）饱和红黏土单向循环加载试验结果表明，在部分排水条件下，超固结比 P_{OCR} 对饱和红黏土永久轴向应变的变化规律由线性增长发展为非线性增长，发展速率则由缓慢增长发展为快速增长，最后逐渐减小的过程。$P_{OCR} = 2.0$、4.0 的饱和红黏土在应力路径斜率 $\eta^{ampl} = 1/3$ 时对应的永久轴向应变基本呈线性增长。在工程实践中，应考虑固结度和加载形式的影响，上述规律能对饱和红黏土沉降变形的预判及地基处理措施提供一定的帮助。

（6）饱和红黏土单向循环加载试验结果表明，在不同排水条件下，针对 $P_{OCR} = 1.0$ 的饱和红黏土，考虑应力路径和循环围压耦合作用，分别建立不排水回弹模量拟合公式和部分排水回弹模量拟合公式，为本书所采用的饱和红黏土进行回弹模量预测提供帮助。在工程实践中，由于应力历史，红黏土的地基固结度不同，考虑饱和红黏土的超固结性，需对该公式的拟合结果进行折减，折减系数需后续进行研究。

（7）基于修正剑桥模型理论，考虑排水条件对饱和红黏土动力特性的影响，修正弹性增量和塑性增量方程、边界面方程和非线性运动硬化法则，建立一个能够反映排水条件、初始固结状态和应力历史等影响的动本构模型，并在此基础上对动本构模型中的红黏土参数进行了标定。最后，针对红黏土的参数进行了敏感性分析。

7.2 展望

上述为本书研究时得到的一些结论，针对饱和红黏土由交通循环荷载作用所引起的复杂应力路径下的静、动力特性和本构模型进行研究。由于时间和试验条件的限制，鉴于饱和红黏土物理力学性质的复杂性，关于不同固结比饱和红黏土在变围压应力路径下的静、动力特性的作用机理，还需进行更进一步的研究，主要包括以下几个方面。

（1）虽然在本书中关于围压循环变化及不同排水条件下对超固结饱和红黏土试样中动孔压、回弹模量及体应变的影响进行了合理的解释，但由于时间的限制，其试验试样的数量偏少，关于围压循环变化及不同排水条件对超固结饱和红黏土中动孔压、回弹模量及体应变的影响认识得还不够深入，建议在后续开展更多不同排水条件、不同循环应力比及不同固结比下的饱和红黏土变围压循环加载试验，以解释不同排水条件、不同循环应力比及不同固结比对超固结饱和红黏土中动孔压、回弹模量及体应变发展的影响规律。

（2）因为交通荷载具有由远至近而导致主应力轴旋转的特点，需利用 GDS 动态空心剪扭试验系统对饱和红黏土进行循环剪扭试验，充分考虑固结比、塑性指数等对饱和红黏土的影响，探讨主应力轴循环旋转对饱和红黏土的孔压累积和累积应变的影响。

（3）由于在本书的三轴压缩试验中采用加载速率 $\Delta s = 0.1 \ \mathrm{mm/min}$ 对红黏土试样的轴向应变进行控制，将本构模型中描述红黏土在交通循环荷载作用下土体刚度硬化速率的模型参数 a、b 设置为已知条件，在后续的研究中，需分别探讨参数 a 和参数 b 对本构模型敏感性的影响。

参考文献

［1］韦复才. 桂林红黏土的物质组成及其工程地质特征［J］. 江西师范大学学报（自然科学版），2005，29(5)：460-464.

［2］蒙高磊，刘之葵，雷轶. 红黏土的研究现状和展望［J］. 路基工程，2014，175(4)：9-11.

［3］Tatsuoka T, Sekine E, Miura S. Cyclic deformation of granular material subjected to moving-wheel loads［J］. Canadian Geotechnical Journal, 2011, 48(5)：691-703.

［4］Chai J C, Miura N. Traffic-load induced permanent deformation of road on soft subsoil［J］. Journal of Geotechnical and Geoenvironmental Engineering, 2002, 128(11)：907-916.

［5］Lekarp F, Isacsson U, Dawson A. State of the art. I：Resilient response of unbound aggregates［J］. Journal of Transportation Engineering, 2000, 1261(1)：66-75.

［6］Powrie W, Yang L A, Clayton, CRI. Stress changes in the ground below ballasted railway track during train passage［C］. Proceedings of Institution of Mechanical Engineering, Part F：Journal of Rail and Rapid Transit, 2007, 221(2)：247-262.

［7］Yang L A. Dynamic stress analysis of a ballasted railway track bed during train passage［J］. Journal of Geotechnical and Geoenvironmental Engineering, 2009, 135(5)：680-689.

［8］边学成，胡婷，陈云嫩. 列车交通荷载作用下地基土体单元体的应力路径［J］. 土木工程学报，2004，41(11)：86-92.

［9］白冰. 土的动力特性及应用［M］. 北京：中国建筑工业出版社，2016.

［10］Yasuhara K, Yamanouchi T, Hirao K. Cyclic strength and deformation of normally consolidation clay［J］. Soils and Foundations, 1982, 22(3)：77-91.

［11］ Fujiwara, H Ue, S. Effect of preloading on post-construction consolidation settlement of softclaysubjected to repeated loading［J］. Soils and Foundations, 1990, 30(1): 76-86.

［12］ 郑永来, 潘杰, 韩文星. 软土地铁隧道沉降分析［J］. 地下空间与工程学报, 2005, 1(1): 67-74.

［13］ 黄茂松, 姚兆明. 循环荷载下饱和软黏土的累积变形显式模型［J］. 岩土工程学报, 2011, 33(3): 325-331.

［14］ 陈云敏, 陈颖平, 黄博. 应力水平对结构性软粘土静力和动力变形特性影响的试验研究［J］. 岩石力学与工程学报, 2006, 25(5): 65-71.

［15］ 吴建奇, 杨骁, 徐旭, 等. 部分排水条件下饱和红黏土循环试验研究［J］. 浙江大学学报(工学版), 2017, 51(7): 1309-1316.

［16］ 谢定义. 土动力学［M］. 北京: 高等教育出版社, 2011.

［17］ Seed H B, Chan C K, Monismith C L. Effects of repeated loading on the strength and seformation of compacted clay［C］. Highway Research Board Proceedings, 1955, 34(3): 541-558.

［18］ Seed H B, McNeill R L. Soildeformation in normal compression and repeated loading test［C］. Highway Research Board Bulletin, 1956, 141(15): 44-53.

［19］ Lee K L. Cyclicstrength of a sensitive clay of Eastern Canada［J］. Canadian Geotechnical Journal, 1979, 16(1): 163-176.

［20］ Yasuhara K. Cyclic strength and deformation of normally consolidated clay［J］. Soils and Foundations, 1982, 22(3): 77-91.

［21］ 周建. 循环荷载作用下饱和软粘土特性研究［D］. 杭州: 浙江大学, 1998.

［22］ Hyodo M, Yasuhara Y, Hirao K. Predication of clay behavior in undrained and partially drained cyclic triaxial tests［J］. Soils and Foundations, 1992, 32(4): 117-127.

［23］ Hyodo M, Hyde A F L, Yamamoto Y, et al. Cyclic shear strength of undisturbed and remoulded marine clay［J］. Soils and Foundations, 1999, 39(2): 45-58.

［24］ Hyodo M, Yamamoto Y, Sugiyama M. Undrained cyclic shear behavior of normally consolidated clay subjected initial static shear stress［J］. Soils and Foundations, 1994, 34(4): 1-11.

［25］ 陈颖平. 循环荷载作用下结构性软粘土特性的试验研究［D］. 杭州: 浙江大学, 2007.

［26］ Hyde A F L, Yasuhara K, Hirao K. Stability criteria for marine clay under one-way cyclic loading［J］. Journal of Geotechnical Engineering, ASCE, 1993, 119(11): 1771-1789.

［27］张炜，李亚，周松望，等. 南海北部区域黏土循环动力特性试验研究［J］. 岩土力学，2018，39（7）：2413-2423.

［28］郑刚，霍海峰，雷华阳，等. 振动频率对饱和黏土动力特性的影响［J］. 天津大学学报（自然科学与工程技术版），2013，46（1）：38-43.

［29］Ishihara K，Towhata I. Sand response to cyclic rotation of principal stress directions as induced by wave loads［J］. Soil sand Foundations，1983，23（4）：11-26.

［30］Ishihara K，Yamazaki F. Cyclicsimple shear tests on saturated sand in multi-directional loading［J］. Soils and Found，1980；20（1）：45-59.

［31］Boulanger R W，Seed R B. Liquefaction ofsand under bidirectional monotonic and cyclic loading［J］. Geotech. Eng，ASCE，1995，121（12）：870-878.

［32］Seed，H B，Pyke，R M，Martin，G R. Effect of multi-directional shaking on pore water development in sands［J］. Geotech. Eng. Div.，1978，104（1）：27-44.

［33］冷建，叶冠林，刘学增，等. 循环荷载对上海软土动力特性影响规律的试验研究［J］. 地震工程学报，2015（4）：1049-1052.

［34］刘维正，瞿帅，章定文，等. 循环荷载下人工结构性土变形与强度特性试验研究［J］. 岩土力学，2015，36（6）：1691-1697.

［35］聂庆科，李佩佩，王英辉，等. 三轴冲击荷载作用下红黏土力学性状［J］. 岩石力学与工程学报，2009，28（6）：1220-1225.

［36］龙万学，刘开圣，肖涛，等. 非饱和红黏土三轴试验研究［J］. 岩土力学，2009，30（s2）：28-33.

［37］李剑，陈善雄，姜领发，等. 应力历史对重塑红黏土动力特性影响的试验研究［J］. 岩土工程学报，2014，36（9）：1657-1665.

［38］刘晓红. 高速铁路无砟轨道红黏土路基动力稳定性研究［D］. 长沙：中南大学，2011.

［39］肖丽娜，黄质宏，何逢春，等. 上覆荷载作用下红黏土抗剪强度变化规律研究［J］. 河南理工大学学报（自然科学版），2021，40（3）：32-35.

［40］张东东，荣华. 降雨入渗条件下赣南红黏土边坡稳定性分析［J］. 甘肃水利水电技术，2020，56（1）：156-162.

［41］Simonsen E，Isaccon U. Soil behavior during freezing and thawing using variable and constant confining pressure triaxial tests［J］. Canadian Geotechnical Journal，2001，38（16）：863-875.

［42］Dafalias Y F，Herrmann L R. Bounding surface formaulation of soil plasticity［B］.

Soil mechanics transient and cyclic loads, Wiley, Bognor Regis, UK, Chapter 10: 253-282.

[43] Morz Z, Pietruszczak S. A constitutive model for sand with anisotropic hardening rule [J]. International Journal for Numerical and Analytical Methods in Geomechanics, 1983, 7(3): 19-38.

[44] Bardet J P. Hypoplastic model for sands[J]. Journal of Engineering Mechanics, 1990, 116(9): 1973-1994.

[45] Lade P V, Musante H M. Three-dimensional behavior of remolded clay[J]. Journal of Geotechnical and Engineering Division, ASCE, 1978, 104(2): 193-209.

[46] Lade P V, Kirkgard M M. Effects of stress rotation and changes of bvalues on cross anisotropic behavior of natural, K_0-consolidated soft clay[J]. Soils and Foundations, 2000, 40(6): 93-105.

[47] Hashiguchi K, Chen Z P. Elastoplastic constitutive equation of soils with the subloading surface and the rotation hardening [J]. International Journal for Numerical and Analytical Methods in Geomechanics, 1998, 22(3): 197-227.

[48] Chazallon C, Hornych P, Mouhoubi S. Elastoplastic model for the long-term behavior modeling of unbound granular materials in flexible pavements[J]. International Journal of Geomechanics, ASCE, 2006, 6(4): 279-289.

[49] Wei X, Wang G, Wu R. Prediction of traffic loading-induced settlement of low-embankment road on soft subsoil[J]. Int J GeoMech, 2017, 17: 06016016.

[50] Xu C, Chen Q, Luo W, et al. Evaluation of permanent settlement in Hangzhou Qingchun road crossing-river tunnel under trafficloadin[J]. Int J GeoMech, 2019, 19: 06018037.

[51] Cao Z, Chen J, Alonso E E, et al. A constitutive model for the accumulated strain of unsaturated soil under high-cycle traffic loading[J]. Int J Numer Anal Methods GeoMech, 2021, 45(12): 990-1004.

[52] Ren X W, Xu Q, Xu C B. Undrained pore pressure behavior of soft marine clay under long-term low cyclic loads[J]. Ocean Engineering, 2018, 150(112): 60-68.

[53] Ren X W, Xu Q, Teng J. Anovel model for the cumulative plastic strain of soft marine clay under long-term low cyclic loads[J]. Ocean Engineering, 2018, 149(86): 194-204.

[54] Yang Q, Tang Y, Yuan B, et al. Cyclic stress-strain behaviour of soft clay under traffic loading through hollow cylinder apparatus: effect of loading frequency [J]. Road Mater

Pavement Des, 2019, 20(8): 1026-1058.

[55] Monismith C L, Ogawa N, Freeme C R. Permanent deformation characteristics of subsoil due to repeated loading[J]. Trans. Res. Rec, 1975, 537(432): 1-17.

[56] Li D Q, Selig E T. Cumulative plastic deformation for fine-grained subgrade soils[J]. Journal of Geotechnical Engineering, ASCE, 1996, 122(12): 1006-1013.

[57] Wang J, Zhou Z, Hu X, et al. Effects of principal stress rotation and cyclic confining pressure on behavior of soft clay with different frequencies[J]. Soil Dynam Earthq Eng, 2019, 118(93): 75-85.

[58] Wu H N, Shen S L, Chai J C, et al. Evaluation of train-load-induced settlement in metro tunnels[J]. Proc InstCiv Eng Geotech Eng, 2015, 168(5): 396-406.

[59] Cai Y, Wu T, Guo L, et al. Stiffnessdegradation and plastic strain accumulation of clay under cyclic load with principal stress rotation and deviatoric stress variation[J]. Geotech Geoenviron Eng, 2018, 144: 04018021.

[60] Chai J C, Miura N. Traffic-load-induced permanent deformation of road on soft subsoil [J]. Journal of Geotechnical and Geoenvironmental Engineering, ASCE, 2002, 128(11): 907-916.

[61] 董城, 冷伍明, 李志勇. 重复荷载作用下粉性路基土累积塑性变形研究[J]. 岩土力学, 2014, 35(12): 3437-3442.

[62] 褚峰, 邵生俊, 陈存礼. 饱和淤泥质砂土动力变形及动强度特性试验研究[J]. 岩石力学与工程学报, 2014, 33(s1): 3299-3305.

[63] 伍婷玉, 郭林, 蔡袁强. 交通荷载应力路径下 K0 固结软黏土变形特性试验研究[J]. 岩土工程学报, 2017, 39(5): 859-867.

[64] 吕玺琳, 方航, 张甲峰. 循环交通荷载下软土路基长期沉降理论解[J]. 岩土力学, 2016, 37(s1): 435-440.

[65] 熊焕, 郭林, 蔡袁强. 交通荷载应力路径下砂土地基变形特性研究[J]. 岩土工程学报, 2016, 38(4): 662-669.

[66] 王军. 单、双激振循环荷载作用下饱和软粘土动力特性研究[D]. 杭州: 浙江大学, 2007.

[67] 王军, 蔡袁强. 循环荷载作用下饱和软黏土累积应变模型研究[J]. 岩石力学与工程学报, 2008, 27(2): 331-338.

[68] 王军, 蔡袁强, 丁光亚, 等. 双向激振下饱和软粘土动模量和阻尼变化规律试验研究

[J]. 岩石力学与工程学报, 2010, 29(2): 423-432.

[69] 王军, 蔡袁强, 潘林有. 双向激振下饱和软粘土应变软化现象试验研究[J]. 岩土工程学报, 2009, 31(2): 178-185.

[70] 孙磊, 土军. 循环围压对超固结黏土变形特性影响试验研究[J]. 岩石力学与工程学报, 2015, 34(3): 594-600.

[71] 杨爱武, 孔令伟, 郭飞. 天津滨海软黏土累积塑性变形特性与增长模型[J]. 岩土力学, 2017, 38(4): 979-984.

[72] 黄博, 丁浩, 陈云敏. 高速列车作用的动三轴模拟试验[J]. 岩土工程学报, 2011, 33(2): 195-202.

[73] Mao-Song H, Zhao-Ming Y. Explicit model for cumulative strain of saturated clay subjected to cyclic loading [J]. Chinese Journal of Geotechnical Engineering, 2011, 33 (3): 325-331.

[74] 申昊, 唐晓武, 牛犇, 等. 车辆荷载作用下软土地基塑性变形的计算[J]. 岩土力学, 2013, 34(12): 3561-3566.

[75] Hu W, Xu J J, Zhang Y. The degradation of saturated clays Un-drained shearing deformation modulus under cyclic loading[J]. Advanced Materials Research, 2013, 671-674: 151-155.

[76] 霍海峰, 雷华阳. 静动应力下正常固结黏土循环特性研究[J]. 岩石力学与工程学报, 2015(6): 1288-1294.

[77] 穆坤, 郭爱国, 柏巍, 等. 循环荷载作用下广西红黏土动力特性试验研究[J]. 地震工程学报, 2015, 37(2): 487-493.

[78] 傅鑫晖, 韦昌富, 颜荣涛, 等. 非饱和红黏土的强度特性研究[J]. 岩土力学, 2013, 34(s2): 204-209.

[79] 王牧鹏, 骆亚生, 刘建龙, 等. 双向动荷载下重塑红黏土动变形特性研究[J]. 地震工程学报, 2017, 39(6): 1046-1053.

[80] 穆锐, 黄质宏, 浦少云, 等. 循环荷载下原状红黏土的累积变形特征及动本构关系研究[J]. 岩土力学, 2020(s2): 1-10.

[81] 肖军华, 许世芹, 韦凯, 等. 主应力轴旋转对地铁荷载作用下软黏土累积变形的影响[J]. 岩土力学, 2013, 34(10): 2939-3029.

[82] Guo L, Chen J, Wang J, et al. Influences of stress magnitude and loading frequency on cyclic behavior of K0 - consolidated marine clay involving principal stress rotation

[J]. Soil Dynam Earthq Eng, 2016, 84: 94-107.

[83] Guo L, Cai Y, Jardine R J, Yang Z, Wang J. Undrained behaviour of intact soft clay under cyclic paths that match vehicle loading conditions[J]. Can Geotech J, 2018, 55 (36): 90-106.

[84] Cai Y Q, Guo L, Jardine R J, et al. Stress-strain response of soft clay to traffic loading [J]. Geotechnique, 2017, 67(16): 446-451.

[85] Wu T, Cai Y, Guo L, et al. Influence of shear stress level on cyclic deformation behaviour of intact Wenzhou soft clay under traffic loading[J]. Eng Geol, 2017, 228(56): 61-70.

[86] Qian J, Li S, Gu X, et al. A unified model for estimating the permanent deformation of sand under a large number of cyclic loads[J]. Ocean Eng, 2019, 181(23): 293-302.

[87] Wei X, Wang G, Wu R. Prediction of traffic loading-induced settlement of low-embankment road on soft subsoil[J]. Int J GeoMech, 2017, 17: 06016016.

[88] Xu C, Chen Q, Luo W, et al. Evaluation of permanent settlement in Hangzhou Qingchun road crossing-river tunnel under traffic loading[J]. Int J GeoMech, 2019, 19: 06018037.

[89] Ogawa S, Shibayama T, Yamaguchi H. Dynamic strength of saturated cohesive soil[C]. Proc. 9th ICSMFE, 1977: 317-320.

[90] Saihi F, Leroueil S, Rochelle P L, et al. Behaviour of the stiff and sensitive Saint-Jean-Vianney clay in intact, destructured, and remoulded conditions[J]. Canadian Geotechnical Journal, 2002, 39(5): 1075-1087.

[91] Kimura T, Saitoh K. The influence of disturbance due to sample preparation on the undrained strength of saturated cohesive soil[J]. Soils and Foundations, 1982, 22(4): 109-119.

[92] 陈颖平, 黄博. 不同结构强度软粘土的动孔压特性试验研究[J]. 齐齐哈尔大学学报 (自然科学版), 2021, 37(2): 50-54.

[93] Skempton A W. The pore water coefficient A and B[J]. Geotechnique, 1954, 4: 143 -147.

[94] 张建民, 谢定义. 饱和砂土振动孔隙水压力理论及应用研究进展[J]. 力学进展, 1993, 23(2): 165-180.

[95] Yasuhara K. Cyclic strength and deformation of normally consolidated clay[J]. Soils and Foundations, 1982, 22(3): 77-91.

[96] Hyde A. F. L, Ward S J. A pore pressure and stability model for a silty clay under repeated loading[J]. Geotechnique, 1985, 35(2): 113-125.

［97］Matasovic N, Vucetic M. Generalized cyclic degradation pore pressure generation model for clays［J］. Journal of Geotechnical Engineering, ASCE, 1995, 121(1): 33-42.

［98］Seed H B, Booker J R. Stabilisation of potentially liquefiable sand deposits using gravel drain systems［C］. Earthquake Research Centre, Report No. EERC 76-10, University of California, Berkeley, 1976.

［99］Matsui T, Ohara H, Ito T. Cyclicstress-strain history and shear characteristics of clay ［J］. Journal of Geotechnical Engineering Divison, ASCE, 1980, 106(10): 1101-1120.

［100］Yasuhara K. Cyclic strength and deformation of normally consolidated clay［J］. Soils and Foundations, 1982, 22(3): 77-91.

［101］王鑫, 沈扬, 王保光, 等. 列车荷载下考虑频率影响的软粘土破坏标准研究［J］. 岩土工程学报, 2017, 39(s1): 32-37.

［102］李志勇, 董城. 湘南地区红黏土动态回弹模量试验与预估模型研究［J］. 岩土力学, 2015, 36(7): 1480-1486.

［103］Li Z Y, Xiao H B, Yang G L, et al. Research on structural red clay under different stress conditions［J］. Geotechnical special Publication, ASCE, 2011, No215: 1-7.

［104］潘坤, 杨仲轩. 不规则动荷载作用下砂土孔压特性试验研究［J］. 岩土工程学报, 2017, 39(s1): 79-84.

［105］霍海峰, 雷华阳. 静动应力下正常固结黏土循环特性研究［J］. 岩石力学与工程学报, 2015(6): 1288-1294.

［106］臧濛, 孔令伟, 郭爱国. 静偏应力下湛江结构性黏土的动力特性［J］. 岩土力学, 2017(1): 33-40.

［107］刘飞禹, 陈琳, 胡秀青, 等. 椭圆应力路径下饱和软黏土循环单剪试验［J］. 中国公路学报, 2018, 31(2): 218-225.

［108］杨爱武, 钟晓凯, 张兆杰. 多振次循环动荷载作用下软黏土变形与孔压特性试验研究 ［J］. 地震工程与工程振动, 2017(1): 27-33.

［109］魏新江, 张涛, 丁智. 地铁荷载下不同固结度软黏土的孔压试验模型［J］. 岩土力学, 2014, 35(10): 2762-2768+2874.

［110］许成顺, 高英, 杜修力. 双向耦合剪切条件下饱和砂土动强度特性试验研究［J］. 岩土工程学报, 2014, 36(12): 2335-2340.

［111］沈扬, 陶明安, 王鑫. 交通荷载引发主应力轴旋转下软黏土变形与强度特性试验研究 ［J］. 岩土力学, 2016, 37(6): 1569-1578.

[112] 谢琦峰, 刘干斌, 范思婷. 循环荷载下饱和重塑黏质粉土的动力特性研究[J]. 水文地质工程地质, 2017, 44(1): 78-83.

[113] 聂勇, 樊恒辉, 王中妮, 等. 循环剪切方向对饱和软黏土静力特性的影响[J]. 岩石力学与工程学报, 2015, 34(5): 20.

[114] 黄珏皓, 陈健, 柯文汇. 双向激振循环荷载和振动频率共同作用下饱和软黏土孔压试验研究[J]. 岩土工程学报, 2017, 39(s2): 71-74.

[115] 刘添俊, 安关峰. 不同加载方式下饱和软黏土动力特性的试验研究[J]. 中国农村水利水电, 2017(2): 176-181.

[116] 孙锐, 李晓飞, 陈龙伟, 等. 孔压增长下双曲线模型参数研究[J]. 振动与冲击, 2018, 37(7): 1-7.

[117] Ren X W, Xu Q, Xu C B, et al. Undrained pore pressure behavior of soft marine clay under long-term low cyclic loads[J]. Ocean Engineering, 2018, 150(86): 60-68.

[118] Li S Z, Wang J H. Constitutive model of saturated soft clay with cyclic loads under unconsolidated undrained condition[J]. Transactions of Tianjin University, 2013, 19(4): 260-266.

[119] He L, Wang Y. Research on simplified calculation method of cyclic cumulative deformation of saturated soft clay[J]. Journal of Hydraulic Engineering, 2015, 36(8): 118-128.

[120] By H, Bolton D. Moduli and famping gactors for dynamic analyses of cohesionless soils[J]. Journal of Geotechnical Engineering, 1986, 112(11): 1016-1032.

[121] Ghaboussi J, Momen H. Modeling and analysis of cyclic behavior of sands, Soil Mechanics-Transient and Cyclic loadings, 1982.

[122] Sato T, Shibata T, Ito R. Dynamic behavior of sandy soil and liquefaction, proceeding of international conference on recent advances in deotechnical earthquake engineering and soil dynamics, St. Louis, 1981.

[123] Mroz Z. On the fescription of snisotropic working Hardening[J]. Mechanics and Physics of Soils, 1967, 15.

[124] Prevost J H. Mathematical modeling of monotonic and cyclic undraubed clay behavior[J]. International Journal of Numerical Analysis Methods in Geomechanics, 1977, 1: 195-216.

[125] Hucekel R, Nova T. On poroelastic hysteretic of soils and rock, Bull Acad Pol Des Sciences, Sec. Sc. Tech. 1979, 27(1): 49-55.

［126］Matsuoka H. Constitutive wquation and analysis for anisotropic soil, Proc. 4th Inter. Conf. on Numerical Methods in Geotechanics, 1982, 1.

［127］Robert Y. Liang and Fenggang Ma. Anisotropicplasticity model for undrained cyclic behavior of clays theory［J］. Journal of Geotechinical Engineering, 2012, 118(2): 229–245.

［128］徐辉, 王靖涛, 卫军. 基于颗粒滑动分析的砂土损伤本构模型［J］. 岩石力学与工程学报, 2007, 26(2): 4367–4371.

［129］彭芳乐, 白晓宇, 谭轲, 等. 基于修正塑性功函数的砂土硬–软化本构模型［J］. 同济大学学报(自然科学版), 2009, 37(6): 721–726.

［130］童朝霞, 张建民, 张嘎. 考虑应力主轴旋转效应的砂土弹塑性本构模型［J］. 岩石力学与工程学报, 2009, 28(9): 1918–1927.

［131］Kirkgard M M, Lave P V. Anisotropic Three-dimensional Behavior of a Normally Consolidated Clay［J］. Canadian Geotechnical Journal, 1993, 30(5): 848–858.

［132］Li T, Meissner H. Two-surfaceplasticity model for cyclic undrained behavior of clays ［J］. Journal of Geotechnical and Geoenvironmental Engineering, ASCE, 2002, 128(7): 613–626.

［133］吴小锋, 李光范, 胡伟, 等. 海口红黏土的结构性本构模型研究［J］. 岩土力学, 2013, 34(34): 3187–3191.

［134］沈扬, 张朋举, 闫俊, 等. 主应力轴旋转下小偏压固结密实粉土崩塌特性及孔压模型研究［J］. 岩土力学, 2012, 33(9): 2561–2568.

［135］杨彦豪, 周建, 周红星. 主应力轴旋转条件下软黏土的非共轴研究［J］. 岩石力学与工程学报, 2015, 34(6): 1259–1266.

［136］肖军华, 徐世芹, 韦凯, 等. 主应力轴旋转对地铁荷载作用下软黏土累积变形的影响 ［J］. 岩土力学, 2013, 34(10): 2938–2944.

［137］胡小荣, 董肖龙, 陈晓宇. 正常固结原状饱和红黏土的本构模型研究［J］. 岩土力学, 2019, 36(1): 36–46.

［138］杜修力, 马超, 路德春. 正常固结黏土的三维弹塑性本构模型［J］. 岩土工程学报, 2015, 37(2): 235–241.

［139］Xiao-Feng W U, Guang-Fan L I, Wei H U. Study of structural constitutive model for red clay in Haikou［J］. Rock & Soil Mechanics, 2013, 34(11): 3187–3191+3196.

［140］Lade PV, Inel S. Rotational kinematic hardening model for sand. I: concept of rotating yield and plastic potential surfaces ［J］. Computer and Geotechnics, 1997, 21 (3):

183-216.

[141] Moses G G, Rao P N. Undrained strength behavior of a cemented marine clay under monotonic and cyclic loading[J]. Ocean Engineering, 2003, 30: 1765-1789.

[142] 姚兆明, 黄茂松. 考虑主应力轴偏转角影响的饱和软粘土不排水循环累积变形[J]. 岩石力学与工程学报, 2011, 30(2): 391-399.

[143] Guo L, Wang J, Cai YQ, et al. Undrained deformation behavior of saturated soft clay under long-term cyclic loading[J]. Soil Dynamics and Earthquake Engineering, 2013, 50(36): 28-37.

[144] Leroueil S. Critical state soil mechanics and the behavior of real soils[C]. Proc. Intl Symp. Recent Developments in Soil and Pavement Mechanics, 1997, 41-80.

[145] Lambe T W, Marr W A. Stress path method: Second Edition[J]. Journal of the Geotechnical Engineering Division, ASCE, 1979, 105(6): 727-738.

[146] Callisto L, Calabresi G. Mechanical behaviour of a natural soft clay[J]. Geotechnique, 1998, 48(4): 495-513.

[147] Malanraki V, Toll D G. Triaxial tests on weakly bonded soil with changes in stress path[J]. Journal of Geotechnical and Geoenvironmental Engineering, ASCE, 2001, 127(3): 282-291.

[148] Hird C C, Pierpoint N D. Stiffness determination and deformation analysis for a trial excavation in oxford clay[J]. Geotechnique, 1997, 47(3): 665-691.

[149] Ng C W W. Stress paths in relation to deep excavations[J]. Journal of Geotechnical andGeoenvironmental Engineering, ASCE, 1999, 125(5): 357-363.

[150] Ng C W W, Fund W T, Cheuk C Y. Influence of stress ratio and stress path on behavior of loose decomposed granite[J]. Journal of Geotechnical and Geoenvironmental Engineering, ASCE, 2004, 130(1): 36-44.

[151] 刘祖德, 陆士强, 杨天林. 应力路径对填土应力-应变关系的影响及其应用[J]. 岩土工程学报, 1982, 4(4): 45-55.

[152] 孙岳崧, 濮家骝, 李广信. 不同应力路径对砂土应力-应变关系的影响[J]. 岩土工程学报, 1987, 9(6): 78-88.

[153] Sekiguchi H, Nishida Y, Kanai F. Analysis of partially-drained triaxial testing of clay[J]. Soils and Foundations, 1981, 21(3): 53-66.

[154] Asaoka A, Nakano M, Matsuo M. Prediction of the partially drained behavior of soft clays

under embankment loading[J]. Soils and Foundations, 1992, 32(1): 41-58.

[155] Sun L, Cai Y Q, Gu C. Cyclic deformation behaviour of natural K0-consolidated soft clay under different stress paths[J]. Journal of Central South University, 2015, 22(12): 4828-4836.

[156] Rondon H A, Wichtmann T, Triantafyllidis T, et al. Comparison of cyclic triaxial behavior of unbound granular material under constant and variable confining pressure[J]. Journal of Transportation Engineering, ASCE, 2009 135(7): 467-478.

[157] Polito C P, Green R A, Lee J. Pore pressure generation models for sands and silty soils subjected to syclic loading[J]. Journal of Geotechnical and Geoenvironmental Engineering, 2008, 134(10): 1490-1500.

[158] 谷川.基于变围压应力路径的饱和软粘土动力特性研究[D].杭州:浙江大学, 2013: 52-69.

[159] Hyde A F L, Ward S J. A pore pressure and stability model for a silty clay under repeated loading[J]. Geotechnique, 1985, 35(2): 113-125.

[160] Seed H B, Martin P P, Lysmer J. The generation and dissipation of pore water pressures during soil liquefaction[C]. Rep. No. EERC 75-26, Univ. of California, Berkeley, Calif, 1975.

[161] Rondon H A, Wichtmann T, Triantafyllidis T, et al. Comparison of cyclic triaxial behavior of unbound granular material under constant and variable confining pressure[J]. Journal of Transportation Engineering, ASCE, 2009, 135(7): 467-478.

[162] Allen J J, Thompson M R. Resilient response of granular materials subjected to time-dependent lateral stresses[J]. Transportation Researth Record, 1974, 510: 1-13.

[163] Seed H B, Chan C K, Monismith C L. Effects of repeated loading on the strength and deformation of compacted clay[J]. Highway Research Board Proceedings, 1955, 34: 541-558.

[164] Brown S F. Soil mechanics in pavement engineering[J]. Geotechnique, 1996, 46(3): 383-426.

[165] Nataatmadja A, Parkin A K. Characterization of granular Materials for pavements[J]. Canadian Geotechnical Journal, ASCE, 1989, 26: 725-730.

[166] 孙磊.考虑应力路径影响的饱和软粘土静动力特性研究[D].杭州:浙江大学, 2015.

[167] Asaka Y, Tokimatsu K, Iwasaki K, et al. A simple stress-strain relation based on stress-

path behavior in strain-path controlled triaxial tests[J]. Soils and Foundations, 2003, 43(2): 55-68.

[168] Kong Y X, Zhao J D, Yao Y P. A failure criterion for cross-anisotropic soils considering microstructure[J]. Acta Geotechnica, 2013, 8(6): 665-673.

[169] Sakai A, Samang L, Miura N. Partially-drained cyclic behavior and its application to the settlement of a low embankment road on silty-clay[J]. Soils and Foundations, 2003, 43(1): 33-46.

[170] Hyodo M, Yasuhara K, Hirao K. Prediction of clay behaviour in undrained and partially drained cyclic triaxial tests[J]. Soils and Foundations, 1992, 32(4): 117-127.

[171] Bisoi S, Haldar S. 3D Modeling of long-termdynamicbehavior of monopile-supported offshore wind turbine inclay[J]. International Journal of Geomechanics, 2019, 19(7): 04019062-1-04019062-13.

[172] 蔡袁强, 柳伟, 徐长节, 等. 基于修正 Iwan 模型的软黏土动应力-应变关系研究[J]. 岩土工程学报, 2007, 29(9): 1314-1319.

[173] Kallioglou P, Tika T H, Pitilakis K. Shearmodulusand damping ratio of cohesive soils[J]. Journal of EarthquakeEngineering, 2008, 12(6): 879-913.

[174] Ragozzino E. Seismic response of deep Quaternary sediments in historical center of L' Aquila City (centralItaly)[J]. Soil Dynamics and Earthquake Engineering, 2016, 87: 29-43.

[175] 杨海. 循环荷载下软黏土的循环黏塑性本构模型研究与应用[D]. 浙江: 浙江理工大学, 2019.

[176] Iwan W D. On a class of models for the yielding behavior of continuous and composite systems[J]. Journal of Applied Mechanica, 1967, 34: 612-617.

[177] 李广信. 高等土力学[M]. 北京: 清华大学出版社, 2004.

[178] 屈智炯. 土的塑性力学[M]. 北京: 科学出版社, 2011.

[179] Chu J, Lo S-C R. Asymptotic behavior of a granular soil in strain path testing[J]. Geotechnique, 1994, 44(1): 65-82.

[180] Chu J, Lo S-C R, Lee I K. Strain-softening behavior of granular soil in strain-path testing[J]. Journal of Geotechnical Engineering, ASCE, 1992, 118(2): 191-208.

[181] Chu J, Lo S-C R, Lee I K. Response of a granular soil during strain path testing[C]. Proceedings of the Workshop on Modern Approaches to Plasticity. Greece: Horton, 1993: 599-640.

[182] Lo S-C R, Lee I K. Response of a granular soil along constant stress increment ratio path [J]. Journal of Geotechnical Engineering, 1990, 116(3): 355-376.

[183] Chu J. Development of the asymptotic state concept for soils and its application to slope stability analysis[R]. Singapore: Nanyang TechnicalUniverstiy, 1997: 9-41.

[184] 冯双喜, 雷华阳. 一种基于边界面的饱和软黏土弹塑性动本构模型[J]. 岩土工程学报, 2021, 43(5): 901-908.

[185] 程星磊. 部分排水条件下饱和砂土的力学特性研究[D]. 北京: 北京工业大学, 2012.

[186] 姚海慧. 基于弹塑性边界面理论的饱和粘土动本构关系研究[D]. 天津: 天津大学, 2019.

[187] Yao Y P, Hou W, Zhou A N. Extended UH model: Three-dimensional unified hardening model for anisotropicclays[J]. Geotechnique, 2009, 12(6): 879-913.

[188] 万征, 曹伟, 易海洋. 复杂加载下K0超固结黏土的本构模型[J]. 岩土工程学报, 2022, 41(1): 1-15.

[189] 郑颖人, 孔亮. 岩土塑性力学[M]. 北京: 中国建筑工业出版社, 2010.

[190] Domaschuk L, Valliappan P. Non-linear settlement analysis by finite element[J]. Journal of the Geotechniacl Engineering Division, 1975, 101(7): 601-614.

[191] Chaboche J L, Rousselier G. On the plastic and viscoplastic vonstitutive equations-Part I: Rules Developed With Internal Variable Concept [J]. J Pressure Vessel Tech, 1983, 105(2): 153.

[192] Perzyna P. The constitutive equations for work-hardening and rate sensitive materials [J]. Bulletin de l'Academie Polonaise des Sciences. Serie des Sciences Techniques, 1964, 12(4).

图书在版编目(CIP)数据

交通循环荷载作用引起的饱和红黏土动力特性与本构
模型研究 / 吴建奇, 刘义华, 王月梅著. —长沙: 中南
大学出版社, 2022.12
　　ISBN 978-7-5487-5138-0

Ⅰ. ①交… Ⅱ. ①吴… ②刘… ③王… Ⅲ. ①饱和土—
动力特性—研究②饱和土—本构方程—研究 Ⅳ. ①TU44

中国版本图书馆 CIP 数据核字(2022)第 189809 号

交通循环荷载作用引起的饱和红黏土动力特性与本构模型研究
JIAOTONG XUNHUAN HEZAI ZUOYONG YINQI DE BAOHE
HONGNIANTU DONGLI TEXING YU BENGOU MOXING YANJIU

吴建奇　刘义华　王月梅　著

□出　版　人	吴湘华	
□责任编辑	韩　雪	
□封面设计	李芳丽	
□责任印制	唐　曦	
□出版发行	中南大学出版社	
	社址：长沙市麓山南路	邮编：410083
	发行科电话：0731-88876770	传真：0731-88710482
□印　　装	长沙创峰印务有限公司	

□开　　本	710 mm×1000 mm 1/16	□印张 11.75	□字数 200 千字	
□版　　次	2022 年 12 月第 1 版	□印次 2022 年 12 月第 1 次印刷		
□书　　号	ISBN 978-7-5487-5138-0			
□定　　价	68.00 元			

图书出现印装问题，请与经销商调换